外宿族
必備寶典

Essential Books for Renters：

Understand the details of renting a housc at once

1 次搞懂租屋細節

作者序 Preface

在買房貴、物價高、薪資調幅不高的情況下，越來越多人選擇租屋，除了不用年紀輕輕就背房貸外，也能依照個人需求選擇租賃地點、房型等，減輕大部分人的負擔。

當確認好可負擔的租賃金額，在尋找租賃物件時，除了找朋友或家人陪伴外，外宿族本身也可以做功課，不管是列出個人租屋需求、查看相對應租屋資訊外，也可先了解看房前及當下須注意的檢查的環節、應避開不租的房屋等，讓自己在看屋當下不會因慌亂，而漏看細節，甚至在簽約、搬進去住後，才後悔。

而外宿的族群包含，學生、服務業、辦公室上班族等不同行業，而相異的行業也帶出不同的生活模式，租賃物件的選擇也會有所差異，但大致上會以固定上下班時間、排班區分，比如：當外宿族有值大夜的班別，就需要考量租賃處的距離及是否有交通工具等，以免下班時沒有代步工具可以回家休息，這些細節有可能都是一開始沒有思考到，但之後會直接對外宿族產生影響的環節，在書中都有說明。

所以，當外宿族下定決心要租屋時，就要思考該如何選擇市面上的租賃物件？要注意什麼細節？要如何控管收入？要如何獨立生活等，舉凡理財、居家整理、飲食等各方面都是外宿族需要考量的地方，只要事先想好、規劃好，就能讓自己的租屋過程不慌、不亂，順利租到心目中期待的房子！

檬檬

我要搬出去住嗎？
關於外宿，大家想的都不一樣

在成長的過程中，有時候會想要離開家一個人住，而每個人都動機都不同，包含想獨立？賭氣？或是逼不得已？在下定決心的瞬間，我們必須先釐清的是：「為什麼要搬出去？」

- □ 想擁有時間、空間等各種自由，不想被約束。
- □ 想和朋友一起住。
- □ 逃避與親人相處的問題。
- □ 與親人的觀念不合。
- □ 想學習獨立。
- □ 想增加生活經驗。
- □ 到其他地方工作。
- □ 其他：

當然，每個人都理由都不一樣，但決定搬出去的理由將會影響你的心情，因為這也和自己的心態有關。

Point 01 你不要搬出去的理由

如果，你是「想要」搬出去，並不是一定要搬出去，那有可能會在搬出去後，又再度搬回原生家庭，所以，如果你有以下的症狀，建議你先不要外宿，等自己準備要面對這些事情時，再搬出去外面住。

① 不想自己準備食物

每天要自己準備三餐，如果沒有自己烹煮的習慣的人，就要常吃外食，吃到不知道今天要吃什麼。

② 無法忍受空蕩蕩的屋子

當下班、下課回到家，發現家中沒有人對自己噓寒問暖，跟你說：「回家了，吃飽了沒？」或是想要分享今天的心情時，發現屋內沒有人可以跟自己講話時，會覺得無法適應。

③ 不喜歡自己做家事

自己在外租屋，要學會自己洗衣服、掃地、拖地等家事，若平常沒有做家事習慣的人，或是從來沒有做過家事的人，做完這些事情，就有可能占去自己絕大部分的時間。

④ 抱持錢花完，再賺就有的觀念

如果你是沒有理財觀念的人，或是你是每到月底，錢就見底的月光族，在決定搬出去外面住時，就會多出租金的開銷，所以有可能會讓你在用錢上感到不適應。

⑤ 不太會處理人與人之間的關係

當遠離熟悉的家裡，就要自己面對房東、鄰居，或是與自己同住的朋友，如果不習慣交際的人，就要學會與他人相處的技巧，以及婉轉表達自己想法的方法，以免變成房東眼中的壞房客，或是在與朋友生活習慣不相同時，因不會溝通造成相處不愉快。

⑥ 生活習慣不好

在家中，就算自己擁有壞習慣，大部分親人都會容忍，可能碎念一下，就幫忙解決，但如果住在外面，就必須要改變自己不好的生活習慣，以免使自己的生活環境變差。

⑦ 生病時需要有人陪

當自己生病時，不會有家人陪在旁邊，必須要自己到醫院看醫生、領藥，要自己照顧自己。

你該嘗試一個人住的理由

當所有事情都需要自己打理，不會有人幫你，外宿能讓你收穫到的，可能遠大於你的想像。

我可以得到什麼？

① 時間自由

除了固定的行程外，比如：工作、上學等，你可以自由的安排時間，如：和朋友外出、進修等，都不用擔心因晚回家，家人會擔心。

② 空間自由

可以自由帶朋友回家、養寵物、做其他空間規劃等，都不用報備，也不會有人干涉，更不用擔心怕吵到家人，而出入都輕手輕腳。

我會學會什麼？

① 學會生活技能

當食、衣、住、行都要自己處理，就會學習到如何在社會中獨立生存，不管是如何準備三餐、尋找居住的地方、整理家務等，這些都能增加自己的生活技能。

② 學會理財

住家裡時，可能不用支付房租，或是家中有人會準備三餐，這些都會能減少自己的支出，但在外宿時，就必須要管理自己的收支，讓自己能在既有薪資中，過出自己想要的生活。

③ 學會珍惜與家人相處的時光

在外宿後，就會減少跟家人的相處時間，之前家人間有的拌嘴、口角等情況，都會減少，當轉變成定期回家並與家人聯繫感情時，就有可能會更加珍惜與家人相處的時光。

CONTENTS
目錄

CHAPTER

交通整理
TRAFFIC INFORMATION COLLATION

CHAPTER

健康、飲食整理
HEALTH & DIET

學習理財

Learn to Manage Money

記帳與檢視

Track Your Spending

CHAPTER

1

金錢整理

SORT OUT THE MONEY

MONEY 01

學習理財

想開始外宿生活，達到個人的收支平衡？外宿族要做得第一步就是理財。理財是藉由釐清資產、瞭解收入後，規劃、制定每月預算，藉此達成收支平衡。而對於剛開始學理財的人，在初期可能不太清楚適合自己的理財方式是哪種，但在慢慢適應並調整方法後，就能清楚知道如何運用金流，且逐步累積儲蓄。

SECTION 001 釐清資產

學習理財，可從瞭解、掌握自己的財務狀況開始，外宿族須先釐清目前總資產，才能打造出最適合自己且能長期進行的理財方案。

總資產的計算方式，是將自己所擁有的金額（如：現金、理財帳戶）加總後，扣除不可動用的資金，如：貸款、信用卡支出等的結餘，才為自己實際的資產，我們可以藉由填寫資產負債表，來釐清自己所擁有的總資產。

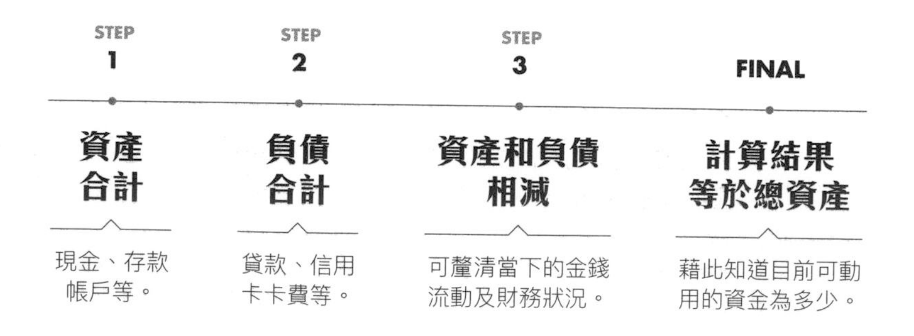

COLUMN 01 如何製作資產負債表？

資產負債表由「資產」和「負債」兩個部分組成，如下表。

資產負債表			製作日期：__年__月__日
資產		負債	
項目	金額	項目	金額
現金		預借現金	
存款		信用卡費	
		學生貸款	
資產合計		負債合計	
資產合計 – 負債合計 = 總資產			

SECTION 002 瞭解收入

收入分為兩種，為固定收入及非固定收入。

➡ 固定收入

如：公務員、學校老師等因變動性低，所以薪資可直接作為實際可動用的資金。

➡ 非固定收入

薪資與個人業績或產業淡旺季相關，所以變動性較高，也因薪資起伏較大，在分配可動用薪資時，應採用和固定收入不同的方式，如：保險業務、銷售從業員、導遊、補習班老師等。

可利用去年平均所得規劃薪資分配比例，就不用每個月重新制定，但有可能與實際收入不相符；也可採用當月收入進行薪資分配，較為精確，但須視情況調整。

類別	固定收入	非固定收入
薪資計算	固定全薪。	底薪 + 業績抽成。
變動性	低。	高。
薪資分配方式	每月薪資。	方法一：去年平均月薪。 方法二：當月收入。

SECTION 003

分配薪資

外宿時，須將薪資分配給各種不同的項目，因要在固定或非固定收入下將資金做有效的分配，使自己不會透支。薪資分配主要分為儲蓄和支出兩大類，但須注意的是，在使用金錢時，習慣先支出後儲蓄的人，可能會不小心花掉應存下來的錢，而較難養成存錢習慣，所以建議先儲蓄後支出，較容易維持每月定額存款的習慣。

COLUMN 01

儲蓄

外宿族在進行儲蓄前，可先列出儲蓄的目的，包含旅遊、進修、緊急預備金等，而緊急預備金可在臨時需要大筆金錢支出時應用，以避免意外發生時措手不及。

① 學習儲蓄方式

◆ 方法 1：撲滿或存錢筒

選擇一個沒有金錢取出口的撲滿，並印出一份年曆貼在牆上，每次投入金錢後，就順手劃掉當天日期，以記錄存款天數、頻率。也可以設定每次只能投入五十元硬幣，或固定在睡前存下錢包中所有的零錢等。

♦ 方法 2：每月存入固定金額

依照能接受的金額，在發薪日當天（或盡快，拖太久易怠惰），將錢存進儲蓄專用的帳戶；也可設定每月定期定額自動轉帳，這種方法可免除手續費和轉帳時間外，還可以有效維持儲蓄習慣。

♦ 方法 3：每月存入固定比例

先將薪水分成儲蓄、投資、生活費等類別，並設定固定比例，如 1：2：7、或 2：2：6 後，再依比例計算每月須存下的金額。

② 準備緊急預備金

為遇到突發狀況時，可馬上動用的積蓄，在金額方面，一般建議預備「半年生活費」（非半年薪水）作為緊急預備金。

對於非固定收入的人，可能在淡季時收入較吃緊，可設定半年以上的金額，作為緩衝；若預備金額已達目標，可以繼續存錢以備不時之需，是在金錢調度上相對安全的作法。

每月所需生活費 × **6 個月（半年）** = **緊急預備金**

③ 存下額外收入

將發票、樂透、摸彩、獎金這等無預期的收入存起來，作為緊急預備金使用，既不會影響原本的預算規劃，也能減輕面對意外狀況時的壓力。

SECTION 004

釐清支出

指每月須支付的費用和開銷，外宿族可藉由將支出分類，以瞭解自身消費習慣，而支出可分成固定和非固定支出兩種。

➡固定支出

為每月必要的定額支出（如：房租）。

➡非固定支出

為可以調整、變動的支出，其中非固定支出分成需要跟想要兩種。「需要」的支出，如：飲食費、交通費，為生活必要支出；「想要」的支出，如：娛樂費、收藏等非生活必要支出。

類別	固定支出	非固定支出	
必要性	必要。	需要。	想要。
調整空間	小。	中。	大。
支出範疇	房租、水電費、保險費、貸款等。	飲食費、交通費等。	娛樂費、飲料費等。

SECTION 005

設定儲蓄目標

先依照所須金額大小、儲蓄時間長短及急迫性，分別訂定短期、中期、長期三個階段的儲蓄目標，這種方法不僅可以釐清儲蓄的目的，也可以讓自己維持儲蓄習慣，並培養規劃能力。雖然在設定目標後，還需要安排具體行動和定期檢視，以督促自己達成目標，但在第一步，我們須先將心中設定的目標列出。

STEP 01 寫下所有目標

訂定儲蓄目標吧！可在閱讀下列問題後，把預期的目標先列下來：

有什麼還未實現的夢想？有沒有還沒繳清的費用？

現在最擔心什麼？缺乏哪些高價用品（如：冷氣機、平板電腦）？

希望學習的項目？

想要什麼樣的未來？希望在一年後存下多少錢？

請在下方空白欄位寫下自己預期的目標。

1. ______________________________

____

2. ______________________________

____

3. ______________________________

____

STEP 02 選出短期、中期、長期目標

在寫下預期的目標後，再選擇目前最想達成的三項目標，並依照所須時間長短和金額大小填入下方欄位，分別為短、中、長期目標。如果不知道該如何選擇，可採用刪去法進行排除。

短期： ______________________________

中期： ______________________________

長期： ______________________________

◆ 範例

小明是一名剛進入職場的新鮮人，正開始建立儲蓄習慣，因租約即將到期，所以需要在半年內租到合適的房子，並進行搬遷。由於經濟不景氣，他決定為預防公司裁員而存下緊急預備金，且為了生活上的便利，打算購買一台機車作為交通工具，右方為小明的規劃。

短期 準備租屋預備金。

中期 存下緊急預備金。

長期 購買機車。

STEP 03 填寫存錢計畫表

◆ 範例 A　想要租屋！從零開始的存錢計畫

日期：20XX 年 12 月 5 日

分類	短期（半年）	中期（一年）	長期（兩年）
目標	租屋預備金	緊急預備金	機車
總金額	39,000 元	60,000 元	70,000 元
每月須存入	6,500 元	5,000 元	2,916 元
目前進度	5,000 元	2,000 元	0 元
百分比	12%	8%	0%
預計達成時間	20XX 年 3 月	20XX 年 6 月	20XX 年 3 月
實際達成時間			

接續步驟二的範例，確定目標後，小明還須列出目標金額的預估完成時間，以及每月須存下的金錢。以租屋預備金為例，至少共須準備一個月的房租、兩個月的押金、搬家費用、水電費、仲介費、家具和日用品費用，詳見下表：

分類	簡介	費用
房租	應低於收入的 1 / 3。 如小明的收入是每月 27,000 元，可以接受的最高租金是 9,000 元。	9,000 元
押金	通常為一到兩個月的房租金額。 若房客在租屋期間無違規情形，在租約到期時，房東應將押金全數退還給房客。	18,000 元
搬家費用	費用視物品重量、搬遷距離、搬遷樓層而定，建議最少準備 3,500 元。	3,500 元
水電費用	視租屋處的收費方式而定，建議至少準備 1,500 到 2,000 元。	1,500 元
仲介費用	連鎖仲介公司：半個月房租。 地區性仲介公司：2,000 到 3,000 元之間。	2,000 元
家具用品	視自身需求和所租房子的情形而定，此處假設小明的預算為 5,000 元。	5,000 元
	總金額	39,000 元

經過計算後，小明發現自己至少須準備 39,000 元的租屋預備金，而因為預計在半年內達成目標，所以每月須存入的金額為 6,500 元。

♦ 範例 B　小資族的存錢計畫

日期：20XX 年 12 月 5 日

分類	短期（半年）	中期（七年）	長期（二十年）
目標	租更好的房子	車子	房地產
總金額	10 萬	300 萬	600 萬
每月須存入	16,666 元	35,714 元	25,000 元
目前進度	7 萬	117 萬	48 萬
百分比	70%	39%	8%
預計達成時間	20XX 年 3 月	20XX 年 12 月	20XX 年 12 月
實際達成時間			

STEP 04

試試看！我的存錢計畫

日期：____年__月__日

分類	短期（____年）	中期（____年）	長期（____年）
目標			
總金額			
每月須存入			
目前進度			
百分比			
預計達成時間			
實際達成時間			

MONEY 02

記帳與檢視

外宿族可以透過記帳，釐清自己實際支出和收入的情況，以達成收支平衡，並透過檢視開銷建立理性的消費習慣。

在記帳時，可使用記帳本、Excel、信用卡、記帳 APP 等工具，只要養成每日記帳的習慣，就不用擔心鈔票莫名其妙的從錢包裡溜走，更能有效的控管消費習慣。

SECTION 001 記帳工具介紹

記帳時，可以挑選自己覺得好用的工具，以幫助自己維持習慣，若是使用時覺得不太順手，可更換成其他工具，直到找到適合自己的為止，並督促自己養成定期記錄的習慣。

COLUMN 01 記帳本

只要每天回家將發票、收據等消費資訊以手寫方式記錄到記帳本中，就能釐清一天的花費。在記錄過程中，可順便檢視支出的必要性，另可選擇尺寸較小的記帳本，可方便自己攜帶並隨時記錄。

COLUMN 02 Excel

使用 Excel 記帳有許多優點，除了內建強大的計算功能可幫助自己統整花費總金額外，也能隨時依照需求調整格式，免去手寫的麻煩。另外，網路上有許多免費下載的記帳模板可供參考，外宿族可依個人需求下載使用。

COLUMN 03 信用卡

使用信用卡付費時，可運用銀行發出的消費通知或帳單，確認花費金額。但須注意，使用信用卡需要良好的自制力，以免刷卡金額超過可負擔的量。

COLUMN 04 記帳 APP

由於現在幾乎人手一支手機，因應使用習慣，各式各樣的 APP 也跟著出現，所以也可試著下載記帳 APP 記錄自己的實際花費，不但可隨時隨地的記錄收支，也有便於檢視的圖表。以下介紹三款實用的記帳 APP。

① CWMONEY

簡介 功能全面、難度稍高。

功能 掃描發票、自動對獎、快速記帳、繳費、可使用 GPS 定位 / 影像 / 語音記帳、一鍵生成圖表、幣別設定、雲端備份、固定收支提醒、綁定手機條碼自動記帳、理財資訊、集點換物。

② 理財幫手 AndroMoney

簡介 介面清晰易讀、可多人共同記帳。

功能 月曆帳目（將收支標示在月曆上）、掃描發票、自動對獎、手機電腦同步、試算所得稅、自動換算外幣匯率、子分類可自訂圖示、每日記帳提醒、可多人共同記帳、圖表清晰、設定定期轉帳、規劃預算。

③ Ahorro

簡介	介面簡潔、容易上手。
功能	掃描發票、分析報表、規劃預算、幣別設定、密碼保護設定。

SECTION 002 檢視財務狀況

記帳之後，還須歸納總結、定期檢視自己每個月財務狀況，是盈餘或超支。若是盈餘，則代表自己在預算內度過了一個月；若是超支，就須藉由圓餅圖、長條圖等圖表分析，以及檢視細項支出，找出超支原因，並調整自己的消費習慣。

COLUMN 01 盈餘

若一個月下來仍有盈餘，代表預算控制良好，且沒有太多預期之外的支出。這時，可以從盈餘中挪出一筆金額，以美食、購物等方式獎賞自己，會讓自己更有動力記帳和節省開支。

COLUMN 02 超支

若一個月下來出現超支的情形，可能是因為有某些難以察覺的消費盲點，或是個人克制力不夠等因素，這時，就應該開始分析各項支出項目，找出可以節省的部分，或是思考替代方案。

調整個人消費習慣需要一段時間，因此，可先從設法減少超支的金額開始，如：上個月超支 2,000 元，這個月調整支出後，只超支 1,000 元，代表這個月超支減少了，用慢慢減少透支的方式，讓自己在心理上覺得在金錢控管上有進步，也就更能維持記帳及控管開支的習慣。

SECTION 003

破除消費盲點

要有效控管消費習慣，就要突破一不小心購入非必要的物品，也就是所謂的「消費盲點」，但要如何突破消費盲點呢？我們可以試著在購買任何物品之前，簡單思考下列問題：

① 目前預算還剩下多少？

② 確實需要這個物品嗎？

③ 確實必須現在、立刻購買嗎？

不跟流行

跟隨影視、廣告搶購流行商品，或學習街上行人、身邊親友最近的穿著、購物，可能會花一大筆金錢在購買不適合自己的商品上，因為流行風潮時時變動，一旦潮流過去，有時商品也會跟著過時，所以選擇適合自己的商品，而非盲目跟隨流行購買，會更容易找到購物的原則和方向，以降低支出非必要花費的可能。

不衝動購物

為避免因一時衝動買下太多商品，可先列出購物清單，並按照清單購物，以避免被限定、限量、特價、集點、排行榜、週年慶等商業手法或行銷用語而吸引，使自己衝動消費。

在發現自己非常渴望得到某樣商品時，可採用「延遲購物」的方式避免衝動，所以在瀏覽商品資訊後，可以給自己一天的時間作為緩衝，若時間過後還是同樣想要該商品，就下定決心購買；若思考一天後發現購買欲望下降，就放棄購買該商品。另外，也可以先記錄品名，並多方比較售價後，再以最划算的價格購入；若不是立刻需要，也可等週年慶、購物節等有降價活動時再購入。

不搶特價、折扣

容易因特價而心動嗎？或因買一送一而不小心購入超過自己所須的量？這時，可以藉由觀察消費習慣，找出容易使自己陷入特價陷阱的媒介，並採取取消、關閉、繞道等有效的調整方法。例如：如果是在使用通訊軟體時，常受廣告吸引而網購不必要的物品，可取消通訊軟體的優惠通知，以避免衝動購物；如果是受到購物頻道影響而購買，則停止收看相關節目；在回家的路上因心情放鬆，則易受折扣所誘惑的話，則可繞路避開正在舉辦優惠活動的店家。藉由挪去廣告和推銷，以減少生活中的誘惑，就可以讓自己減少非預期支出，有效控管金錢。

減少無感支出

到月底時，若發現電子票證內的錢總是不知去向，或信用卡帳單的金額比想像中超出許多時，就必須檢視，是否自己不適合這類型支付工具，因為，在使用信用卡、電子票證（一卡通、悠遊卡）進行消費時，並沒有實際掏出現金進行付款，所以容易在消費過程中失去對金錢的敏感度，或忘掉實際支出大筆金額的感受，而陷入「無感消費」的陷阱。所以建議使用信用卡時，要逐筆記錄所花費的金額；使用電子票證時，可每月定時存入一筆款項，並告訴自己消費時不能超過此額度，藉此讓自己不過度消費。

另外，超商也是容易造成無感支出的場所，因為超商的商品售價普遍比賣場或超市還高，在進入後，有可能隨手拿個飯糰、茶葉蛋，或一條巧克力，就會在不知不覺中花掉許多小錢，慢慢累積下來，也是一筆可觀費用，因此，建議可減少進出超商的次數，以避免無感支出。

停一 分析租屋需求

STOP - Analyze Rental Demand

看一 找出適合住所

LOOK - Find a Suitable Place to Live

詢一 詢問相關資訊

INQUIRY - Ask for Information

租一 確認租屋契約

RENT - Confirm the Rental Contract

CHAPTER

2

租屋資訊整理

RENTAL INFORMATION COLLATION

RENT 01

停—分析租屋需求

在開始尋找房子之前，須列出自己對於房型、附近環境等相關租屋需求，才能在尋屋的過程中，不會迷失方向；或是因條件不明確，而找不到適合自己的房屋；甚至是花費太多的時間看自己可能負擔不起，或不符合自身需求的房子。

SECTION 001 評估房租預算

不管是學生族還是上班族，租屋的第一步，一定是先評估可支付房租的預算。除了由家人協助支付生活開銷的學生族外，外宿學生通常是以打工、獎學金等半工半讀的方式賺取生活費；而上班族除了業務性質的工作外，幾乎都是以領固定薪水為主。

在釐清自己的金錢主要來源後，房租的預算要如何評估，才能維持基本的生活品質？通常是以收入的30%為主。

類別	租金來源
外宿學生	打工、獎學金。
上班族	固定薪水（業務性質除外）。

以月收入3萬的上班族為例，若以收入×30%＝建議租金的公式：

30,000×30% ＝ 9,000 元

若從計算結果來看，外宿族在選擇租屋處時，租金就建議不要超過 9,000 元，因為外宿除了有伙食費、交通費、電話費等固定支出外，有些人會有孝親費、保險費等其他支出，所以房租不建議超過收入的 30%，以免影響生活品質，也避免發生緊急事件時，沒有多餘的金錢可以使用。

（註：可列出自己的資產負債表，查看金錢分配狀況，資產負債表請參考 P.11。）

建議的薪水比例分配表：

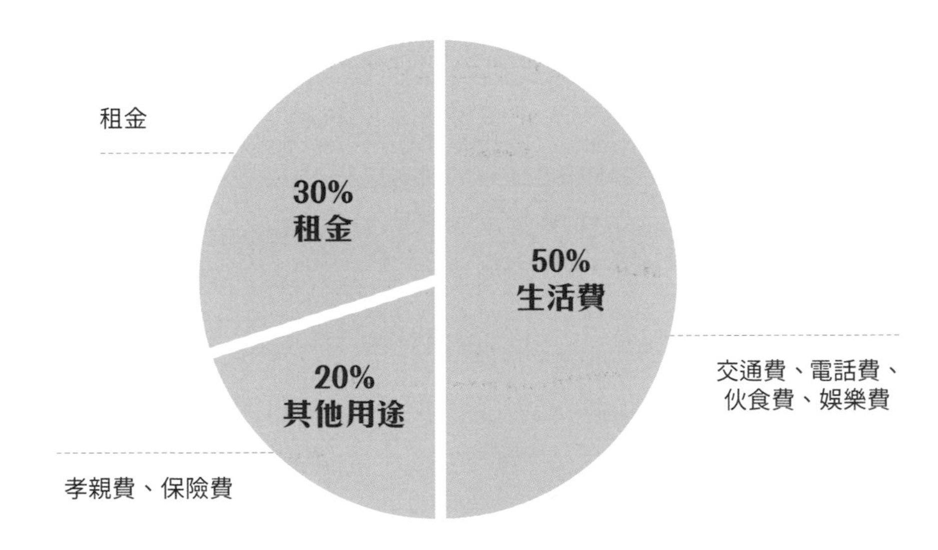

SECTION 002

租屋類型介紹

一般租屋類型主要分為分租雅房、分租套房、獨立套房與家庭式四種，可依照個人需求選擇適合的房型。

COLUMN 01 套房

優點　單價中等、空間適中、獨立衛浴設備、隱私性與隔音效果中等、獨立電表。

缺點　除了衛浴設備以外，洗衣機、網路、第四台有可能與他人共用。

其他須知

① 對於環境品質要求較高的房客，套房是不錯的選擇。

② 若所住房間整層皆為出租物件，則會有對應房號，如 3 樓內有 5 間出租物件，則會有 301 ～ 305 的對應房號。

COLUMN 02 雅房

優點　單價便宜、空間最小、方便整理。

缺點　除了個人房間，其他設備都必須與他人共用，隱私性低，隔音效果差。

其他須知

① 水電費通常收固定金額，大部分會直接含在房租內，但到夏天會另收冷氣費，只要外宿族與房東談好即可。

② 若是女生想承租雅房，記得選擇同為女生房客的環境，以免發生危險，或是造成生活不便。

③ 對於環境品質要求很高的房客，建議不要選擇雅房，因為不僅要與他人共用一間衛浴，還要接受他人的衛生習慣，以及在想洗澡或上廁所時，要等到無人使用時，才可使用，時間彈性與空間使用的便利性較低。

COLUMN 03 整層住家

房型　住家方面，分為一房一廳、兩房兩廳、三房兩廳等都有，各房型則依地點、坪數在租金方面，都會有所差異。

優點

空間較大、擁有獨立門牌、獨立電表外，衛浴設備、第四台、網路皆獨自使用、隱私性高，隔音效果佳，適合新婚夫妻、學生合租或是一般家庭居住。

缺點

單價偏高。

其他須知

① 若是一群朋友要承租整層住家，雖然可以分攤房租、一起生活，但當生活習慣不同，或對環境品質維護的觀念不同時，例如：沒有定期打掃等，所以在選擇室友時，除了要考量彼此的作息時間外，也須評估生活習慣等細項，以免大家住起來不愉快。

② 在承租整層住家前，可以先跟同住的朋友討論生活公約，並達成共識，以免在日後發生爭執，而鬧得不愉快。

房屋型態	雅房	套房	整層住家
適合族群	學生、上班族		新婚夫妻、一般家庭、學生合租
租金單價	低	中	高
空間大小	最小	中	最大
隱私性	低	中	高
隔音效果	差	中	佳
獨立衛浴	無	有	
廚房、客廳、餐廳	無		有
網路	共用		獨立使用
洗衣機	共用		獨立使用
第四台	共用		獨立使用

SECTION 003

決定租屋地點

在選擇租屋地點時，工作的「班別」是最主要須考量的因素。常見的班別為輪班制、正常班與彈性班三種，輪班制上班時間較不固定；正常班則有固定的上班時間，例如：平日上、下班時間固定與週休二日；彈性班則是可以自由選擇上、下班時間，時間上運用較自由。

依照「班別」來安排地點，可以挑選到更滿意、更適合自己的租屋處。

班別	輪班制	正常班	彈性班
上班時間	不固定，依每次排班而定。	固定上、下班時間。	自由選擇上、下班時間。
職業類別舉例	服務業、餐飲業、醫療業、製造業、電子業、半導體產業。	公務員、金融業、教育業。	保險業、房仲業。
租屋地點	建議選擇距離公司較近的地點。	距離可遠可近，較不受限制。	距離可遠可近，較不受限制。

Point 01 「輪班制」建議租屋處較近的原因

① 較易遇到兩頭班（指中間有一小段休息時間），選擇距離租屋處較近的地方，可隨時回去休息。

② 若是輪到值大夜班，下班時沒有大眾運輸工具，又沒有機車等通勤的交通工具時，須搭乘計程車返家時，就會多一筆額外的支出。

③ 選擇距離較近的租屋處，可避免騎車返家時，因為工作太疲累而發生意外，或因值大夜班，下班時間較晚，而有獨自回家的安全顧慮及考量。

Point 02 「正常班」租屋處較不受距離限制的原因

① 上、下班時間若固定，可以因房租便宜，選擇距離公司較遠的租屋

處，但須衡量通勤時間與交通成本。（註：通勤時間建議以不超過 30 分鐘為主。）

② 午休時間固定、不擔心沒有地方休息，跟租屋處距離遠近沒有太大關聯。

Point 03 「彈性班」租屋處較不受距離限制的原因

① 上、下班時間自由，可以因為房租便宜，選擇距離公司較遠的租屋處，但須衡量通勤時間與交通成本。（註：通勤時間建議以不超過 30 分鐘為主。）

② 若常跑外勤，可選擇外勤路線的交叉點，在臨時要回家或要回公司時，可順路繞過去。

SECTION 004 租屋管道介紹

現今網路科技發達，租屋的相關資訊不再是只能透過紙本方式取得，常見租屋資訊的查詢方式，包含大樓公布欄、房屋仲介、網路平台、手機 APP 等，可依照個人需求選擇不同的租屋管道。

591 租屋網 QRcode

COLUMN 01 網路平台

除了 591 租屋網外，好房網、樂屋網、房屋仲介業者的租屋網站都有租屋資訊提供查閱，另外，在 PTT 及 Facebook 也有設立租屋社團與討論區，除了可以參考網友的租屋心得，也能提出疑問，藉此詢問大家的意見，讓自己租屋不踩雷外；還有部分網友會刊登自己的租屋資訊，供外宿族瀏覽。

好房網 QRcode

樂屋網 QRcode

COLUMN 02 手機 APP

在 google 商店及 Apple Store 中，輸入關鍵字「租屋」，即可找到各式租屋 APP，外宿族可依據網友評價選擇要下載的 APP，也可以一次下載多款 APP，實際使用過後再進行挑選。

① 591 房屋交易

出租物件多，可設定成縣市搜尋或捷運搜尋，讓定位更精確。若看到感興趣的物件，需要詢問細節或是預約看房，在 APP 上都可以直接與聯絡人聯繫，而當發現房源有問題時，也有提供舉報的功能，以避免有其他受害者。

② 樂屋網

可設定詳細的租屋需求，除了能加快找到自己想要的物件外，還可將感興趣的物件加入「追蹤清單」，可避免下次想尋找同一間物件時，忘記當初設定的條件，而找不到該物件外，也能持續追蹤有興趣或已列入評估的物件。

③ 豬豬快租

可設定成區域搜尋或地標搜尋，讓定位更精確外，還可使用「租屋雷達」的功能，讓 APP 內建功能即時通知你符合條件的物件，所以只要隨時關注通知，就不怕你想要的物件，早一步被別人租走。

④ 好房網快租

可設定成區域搜尋、捷運搜尋、學校搜尋、社區搜尋與目前位置搜尋，可依個人需求設定搜尋條件外，最大特色就是可以自己繪製搜尋範圍，讓外宿族可以快速

知道目前選取範圍內，有沒有符合自己設定條件的租屋物件，是相當便利的 APP。

COLUMN 03 房屋仲介

一般房屋仲介業者會在網站刊登租屋資訊供大家查找，若習慣當面詢問的外宿族也可前往實體店面查看物件，現場透過專人介紹，有機率能更快速找到符合需求的房子。

由於房東通常會將鑰匙委託給仲介保管，所以現場看房的機會較多，但成交之後，會收取仲介費用，而費用部分，連鎖仲介公司不得收取超過一個月半的租金，租屋公司則收取 2,000 至 3,000 元不等。

市面上常見的房屋仲介為永慶房屋、信義房屋、中信房屋、台灣房屋、東森房屋、太平洋房屋、有巢氏、住商不動產、21 世紀不動產等；而較常見的租屋公司為租屋超市、鯨魚租屋、大管家房屋管理等。

COLUMN 04 大樓公布欄

① 大樓內部公布欄

有些大樓會張貼租屋資訊在內部住戶才能看到的公布欄上，通常物件數不多，選擇較少，且要經過口耳相傳，才會讓資訊對外曝光。

② 對外張貼資訊

有些大樓會在外牆張貼租屋資訊，所以路過的人若剛好有需求，通常會由管理員或房東協助帶看房，但若是需要進行後續的洽談事宜，還是須由聯繫人或房東處理。

COLUMN 05 租屋公布欄

觀察學校或是公園附近的鄰里公布欄，房東有時候會張貼租屋資訊在公布欄上，大多是附近的物件，提供路過的人或是有需要的人停留查看。

COLUMN 06 大專院校校外賃居網

有些學校會跟房東合作，將外宿的租屋資訊放在學校網站供學生查看，而因為學校會嚴格把關，所以較不必擔心房屋與房東的問題。若學生與房東發生糾紛，學校也會協助處理，以保障學生權益。

RENT
02

看──找出適合住所

在清楚自己對於租屋的相關需求後，就可以透過租屋平台開始尋找房子。不過，在找房、預約看房前、看房時都有個別需要注意的事項，還有在外租房子一定要知道的租屋禁忌，只要小心謹慎，就能夠找到符合需求又安全的房子。

SECTION 001 查看租屋資訊

由於租屋平台的種類多樣性高，租屋資訊的內容不盡相同，但要如何分析所看到的租屋資訊？下方以鄰里公布欄的租屋資訊做說明。

Point 01 學會看租屋資訊

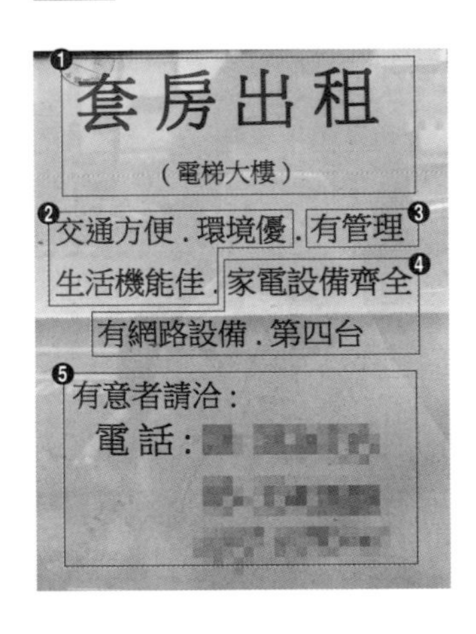

➡ 範例一

透過此圖，可以掌握以下五個大方向：

① 房型為套房，有電梯上下樓。
② 附近交通、環境、生活機能良好。
③ 有管理員，居住環境較安全。
④ 提供家電設備、網路及第四台。
⑤ 可撥打聯絡電話，詢問詳細資訊。

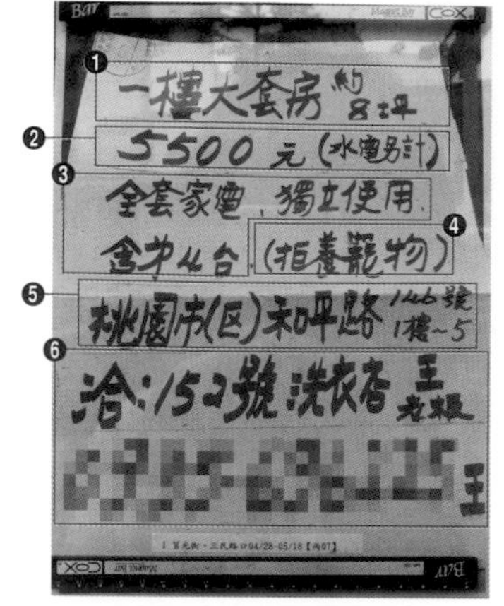

➡ 範例二

透過此圖，可以掌握以下六個大方向：

① 房型為獨立套房，房間大小約 8 坪。

② 每月租金 5,500 元，水電費須額外繳納。

③ 獨立使用全套家電，提供第四台。

④ 房屋使用規範：不得養寵物。

⑤ 租屋地址。

⑥ 可撥打聯絡電話，詢問詳細資訊。

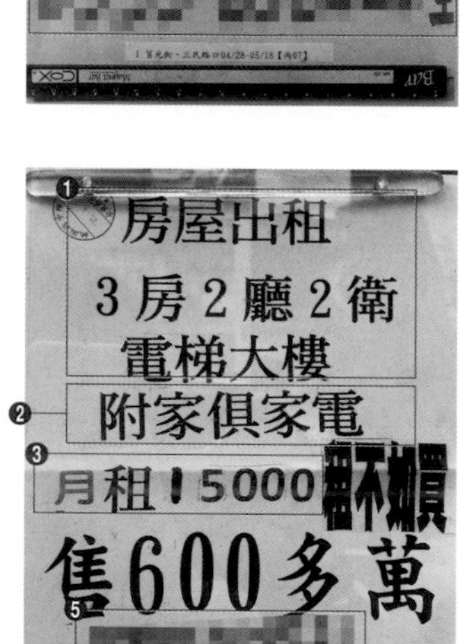

➡ 範例三

透過此圖，可以掌握以下五個大方向：

① 房型為整層住家，有電梯上下樓。

② 提供家具與家電。

③ 每月租金 15,000 元。

④ 附近生活機能優。

⑤ 可撥打聯絡電話，詢問詳細資訊。

以上三個範例，以範例二的內容算是比較詳盡，讓房客可直接透過文字了解房型、租金、水電費計算方式、提供的設備、使用規範以及地址，剩下的資訊可與房東聯繫後取得，是比較齊全的屋況介紹。

Point 02 看穿話術陷阱

在租屋資訊中，有時候文字的敍述暗藏玄機，以下列出三個較常見的話數陷阱，供外宿族參考。

① 交通方便

對於沒有代步工具的外宿族來說，交通便利性是在尋屋時的必備條件，但在租屋資訊中，交通距離的敘述可能過於美化或描述不精確，例如：僅敘述交通便利、鄰近捷運站，但有可能實際上要 10 ～ 15 分鐘的步行距離。

建議外宿族先以地圖 APP 實際查詢點到點之間的距離，確定租屋物件與交通便利的說法是否符合，再進行挑選。

② 對外窗

在租屋資訊中，要留意有沒有對外窗戶，若是沒有提及相關內容，應主動詢問房東。

因沒有窗戶的房間，不僅不通風、自然光線無法進入，全天只以日光燈代替外，若長時間待在閉不通風的環境，可能會產生憂鬱症；也可能因為沒有陽光照射的關係，在生理方面也會喪失時間感，進而影響健康。

③ 擁有獨立大陽台

在租屋資訊中，若是標榜具備大陽台的物件，須留意是否為頂樓加蓋的房子，因為在大樓的頂樓屬於公共空間，所以其他住戶或是施工人員皆可以隨意進出，隱私度低，相當不安全；再加上，頂樓加蓋屬於違建，可能會面臨到隨時被拆除的風險，建議不要冒險承租。

SECTION 002 預約看房「前」應注意事項

當你找到喜歡，或是符合需求的房子後，接下來就是跟房東或仲介聯繫，並預約看房的時間，不過，在預約看房前，有以下幾點須注意。

確認空閒時間

在預約看房時，須先確認自己的空閒時間，再和對方協調及預約看屋時間，以免雙方因時間喬不攏，而錯失看房的機會。

須注意的是，如果因臨時有事無法如期到場看屋，應提前告知對方，以採取應變措施；千萬不可等約定的時間到了，自己卻沒有如期出現，這樣不僅浪費時間，以及造成對方困擾外，更會留下不好的印象。

提供租屋需求

預約看房前，須先確認自己的租屋需求，例如：房型、地點、一個人住，還是要跟別人一起分租等。

當確認好租屋需求，在和房東或仲介預約看房時，不建議在約定看房時間後，臨時又更改房型、地點或是租屋人數等條件，以免產生後續的溝通問題，以及雙方的不便。

相異的看房時間點，會看見不同屋況及環境

若時間允許，可以預約白天、晚上等不一樣的看房時間，以獲取屋況、安全等不同面向的資訊，這對外宿族在最後檢視要不要承租的關卡中，是很重要的關鍵與參考點。（註：若因上班平日時間不允許看房，也要另外規劃時間去附近觀察，因為白天跟晚上須注意的重點不相同，有可能是影響外宿族是否要租的關鍵。）

① 白天的看房重點

白天視線良好，可觀察房子周邊的環境，是否存在煉油廠、焚化爐、加油站、電塔、變電所、電信基地台等危險設施，或是墓園、殯儀館等一般人會忌諱的設施。若附近有學校或是菜市場，也可以觀察學生上下學時或市場的吵雜程度，並在市場結束時觀察髒亂程度，這些都是要納入考量的環境因素。

屋內的觀察重點主要是看室內採光是否良好、是否西曬，從陽台和窗戶看出去時，是否有墳場、捷運軌道，或正對建築物的屋角等景觀，因在風水上來說，這些場域對空間、人體會有不好的影響。（註：假設可開冷氣，須注意開啟前、後的室內變化，包含是否夠涼、是否有潮濕等氣味。）

② 晚上的看房重點

晚上看房時，觀察住宅安寧程度，包含是否有深夜噪音的存在，以及周邊是否安全等。

③ 雨天的看房重點

下雨後看房，可以觀察窗台是否滲水、陽台是否積水等屋況；若剛好在看房時下雨，還可以觀察雨水會不會流進屋內，是否有漏水等情況；而在潮濕天氣過後看房，則能檢視屋內會不會有受潮的現象。

SECTION 003 看房「時」應注意事項

到了預約看屋的時間，準備前往指定地點看房子，有哪些事項是需要注意的？掌握以下幾點，讓你的租屋體驗不踩雷。

Point 01 找人結伴同行

找家人、朋友陪同看房，若遇到緊急狀況時也能相互照應，甚至能協助處理，也可以找有租屋經驗的人，在陪同看房的過程中，能適時的提供建議。

Point 02 沿途的景觀與設施

前往指定地點看房時，須留意經過的景觀、設施，若是在租屋地點附近看見夜店、KTV、網咖等店家，代表出入的人口會較複雜，也較危險，應盡量避免。（註：看房時，若是發現住戶不多，或是隱匿在巷弄中，也建議避免承租，除了容易成為歹徒犯罪的溫床外，若遇到危險時，也較難有人幫忙處理。）

Point 03 門禁管制的重要性

① 有管理室

一般社區大樓、住辦、高級住宅等房屋類型，會配有管理員或保全，負責把關人員的流動，例如：訪客、陌生人，若再加上門禁卡機制，實際管控出入人員，讓外宿族在雙重保障下，居住起來會更安心。（註：有些住宅會在地下停車場、電梯內設置門禁，以控管出入。）

② 無管理室

一般無電梯的老公寓，或華廈（指有電梯的公寓），多以鑰匙做為出入的控管，所以要觀察其他住戶是否有隨手關門的習慣，以免不明人士尾隨進入。

Point 04 齊全的安全設施

逃生門、煙霧偵測器、滅火器與緊急照明燈，是租屋處必備的安全設施，在看房時須留意與確認。

Point 05 隔間的類型

若是以木造結構為隔間的雅房、套房，除非因預算不足，否則不建議承租，除了在消防安全上沒有保護作用外，屋內隔音效果不佳，容易受到外在聲音干擾，影響居住的品質。

Point 06 檢查公用設備

若有提供公用飲水機，除了須檢查外觀是否乾淨、測試出水量外，還須詢問是否有定期清洗以及更換濾心。另外，公用洗衣機的內部也須注意是否有定期清潔，並觀察機體內外是否乾淨，以免在後續使用上造成不便。

建議外宿族若是租屋處有提供公用設備，且是未來會使用到的設施，都須檢查，以免後續產生糾紛。

檢查屋內設備

檢查水龍頭能不能關緊、會不會漏水，馬桶排水是否暢通、電器用品能否正常使用等，以及屋內是否有地震過後留下的痕跡。（註：可檢查房間總共有幾個插座，萬一插座很少，須接一堆延長線才夠用，就會有過度負載的疑慮。）

記錄屋內的設備

將屋內的基本設備記錄下來、或是拍照存檔，並詢問房東哪些是會保留，並提供房客使用的物品或設備。

熱水器的安裝處

電熱水器是住家使用上較安全的熱水器類型，若能直接安裝在室外是最好的選擇，若沒有室外空間，須架設在室內使用時，一定要留意室內是否通風，以免造成居住上的危險。

屋內環境品質

注意房間是否有霉味、菸味、油煙味等讓自己感到不舒服的味道，因有可能是前房客、鄰居，或是店面業者、客人遺留下的味道，若是嗅聞到不喜歡的味道，就建議不要承租，否則可能會造成身體上的不適。

SECTION 004

一定要知道的租屋禁忌

有些時候寧可信其有，不可信其無，有時候過於鐵齒，可能會因此吃虧，以下列出常見的租屋禁忌，供外宿族參考。

不租過於便宜的房屋

遇到租金過於便宜的房屋，要小心謹慎，因為可能有特別的因素使房屋價格低廉，例如：房屋結構有問題、凶宅、或是房屋本身的風水不好，可能會影響健康、運勢等。（註：要確認租屋地點是否為凶宅，可使用「凶宅查詢系統」查詢。）

凶宅查詢系統
QRcode

不租太老舊的房屋

選擇越新的房子越安全，舊房子大部分因為長期沒人居住，若沒安排人員固定打掃，就會因環境髒亂，或太久沒開窗導致屋內潮濕，而使屋況老舊，所以如果確定要住進去，須花時間將環境做一次完整清潔，否則住久了易影響身體健康。

不租有奇怪物件的房子

看房時，若是在屋內看見有貼紙符等避邪物品，建議找機會或理由委婉離開，因為不知道屋主或是前任房客有沒有施行法術，或有負面的空間磁場干擾，所以為了自己的安全與健康，應盡量避免承租這類型的房子。

不與久病或重病的人合租

若身旁有久病或重病的朋友、親戚，建議不要一起同住，因為不確定疾病是否會造成自己身體、或是情緒上的影響，甚至影響運勢，所以若要合租，一定要仔細評估。

不租宮廟、神祠附近的房子

雖然宮廟、神祠給人的感覺是能庇佑平安，但也因為人民請求神明保佑或收驚，所以會遺留負面能量在周圍；再加上有些外靈會來找神明申冤，在以上原因下，宮廟、神祠附近易形成陰煞之地，若體質較虛或較敏感的人，建議不要承租這類型的房子。

不租靠近墳場、醫院的房子

靠近墳場或醫院的房子盡量不要租，因為墳場、墓地等是往生者的居住地，而醫院則是常有生離死別的情境，對一般人來説往往會忌諱出入，再加上環境易產生負面能量或煞氣等，也是易聚陰的地方，可能會對整體身體健康產生影響，所以不建議體質虛弱或較敏感的人，承租這類型的房子。（註：至少要間隔 100 公尺以上的距離。）

不租採光不好的房子

採光不好的房子也不適合住人，因為整體光線昏暗，缺少太陽光照射，所以容易因環境潮濕，導致屋內發霉，而使健康狀況出現問題。

不租孤宅

孤宅是指住家周圍只有一間房子；或是在一棟大樓中，只有你一個住戶，因這類房型，沒有鄰居可以互動，如果發生緊急狀況，沒有其他人可以相互照應，是單身外宿族相當危險的選項。

RENT
03

詢－詢問相關資訊

找到適合自己居住的租屋處後，還有很多細節須跟房東確認，例如：水費、電費、管理費的計算方式、垃圾處理等。一定要跟房東確認細節、達成共識，才不會後續產生糾紛。

SECTION 001 水電、管理費計算方法

不同的房東、相異的租屋類型，計算水電費和管理費的方法可能有所差異，一定要和房東再三確認，以免日後產生糾紛。

COLUMN 01 水電費的計算方式

① 租屋類型：雅房

◆ 水電費

A. 包含在租金內。
B. 房東收取固定水電費。

TIP 若在夏天，則會另外收取冷氣費用。

② 租屋類型：套房

◆ 水費

A. 含在租金內。
B. 少部分房東收取固定水費。

◆ 電費

依獨立電表，通常一度電四到五元。（註：依實際收費為主。）

③ 租屋類型：整層住家

◆ 水費

依台水帳單。

◆ 電費

依台電帳單。

TIP 若為學生或上班族共同承租整層住家，則可事前談好該如何分攤水電費用，因可能各房間有的配備不同，例如：房間 A 有冷氣、房間 B 有獨立衛浴等。

COLUMN 02 管理費

一般社區大樓、住辦、高級住宅等，幾乎都會成立管委會，並向所有住戶收取管理經費，主要用來處理一切的公共事務，在收費上有依照坪數計算，或是均一價收費的方法。

管理經費多半是由房客繳交，至於是否包含在租金內，在租屋前須和房東釐清清楚，以免後續產生糾紛。（註：公寓型的住戶，大多只會平均分攤公水、公電、清潔等費用。）

① 常見住宅房型收費項目

以下依照住宅房型列出常見的收費項目，供外宿族參考。

房屋型態	收費項目	費用高低
公寓（老公寓）	洗樓梯費、洗水塔費、公共空間照明費等。	較低。
華廈（有電梯）	公共空間照明設備、電梯的保養及維修、清潔費、監視器設備維護等。	中。
社區型（含社區大樓、住辦等）	公共空間照明設備、電梯的保養及維修、清潔費、監視器等設備維護、停車費、人事管理費、公設費等。	較高。

② 管理費繳納方式

- **租金不包含管理費，須額外繳納：**有些房東不將管理費納入租金中收取，房客須額外繳納。
- **管理費包含在租金內：**有些房東會將管理費納入租金收取，房客不須額外繳納。

SECTION 002 租屋術語大解密

釐清四種租屋術語，除了可以釐清房東與房客各自掌握的權利外，更能保障自身權益。

① 訂金

為「預付款項」，當房客不願意承租時，房東必須將訂金退還給房客。而訂金的使用規範，只要房東與房客達成共識，訂金也可以用來支付前期的租金。

② 定金

在看房過後，房客表示有意願承租，而房東也願意租給對方，房客會先支付一定的金額，金額的多寡以雙方協定為主，以確保雙方都會履行租約，但與「訂金」相異的是，依據民法規定當房客臨時想毀約，是不可將「定金」拿回；而若是房東不想租，房客則可要求加倍賠償。

③ 押金

又稱為「保證金」、「擔保金」等，目的是為了擔保房客有按時支付租金，以及做為房客對房子造成損害的賠償金，並確保在租約期滿時，房客會按時返還房子的保證金；而在租約期滿若房客不續約，房東可扣除房客積欠的費用，而餘款房客有權利要求返還。（註：依照法律的規定，超過兩個月以上的押金可以折抵租金。）

④ 租金

房客向房東承租房子後，須定期支付固定的承租費用，直到租約期滿，通常分為「每月一付」、「每季一付」、「每學期一付」等定期支付的方式，只要房客跟房東協議好即可。（註：繳納租金的方式建議寫在租屋契約內，以免後續產生爭議。）

SECTION 003 垃圾處理方法

如果是下班時間固定的外宿族，只須向房東確定垃圾的處理方式，以及是否有收費；但如果是下班時間不固定、工時較長的上班族，或是有安排打工、社團活動等外務的學生族，在選擇物件時就須注意租金是否有含垃圾清潔費，以及是否有提供代收垃圾或垃圾能統一集中管理的服務。以下列出常見房屋型態及相對應的垃圾處理方式，供外宿族作為參考。

房屋型態	垃圾處理方法	丟棄時間	適合對象	費用
公寓型（老公寓） 華廈（有電梯）	自行處理。	須注意垃圾車抵達時間。	時常待在家，能夠配合垃圾車時間，丟垃圾的人。	垃圾袋費用。
社區大樓 住辦 高級住宅	倒至垃圾集中場。	任意時間皆可。	常在外活動，需要彈性時間丟垃圾時間的人。	垃圾清潔費。

① 自行處理

居住在公寓型（老公寓）、華廈（有電梯）的住戶，大部分需要自行處理垃圾，外宿族須按照居住處垃圾車的抵達時間，並依照垃圾車的行經路線，在垃圾車抵達前 3 ～ 5 分鐘到大樓門口或街道旁等待垃圾車。但須注意的是，因垃圾車的清潔人員也會因過年、颱風等特殊日子而調整收垃圾的時間，所以外宿族須留意公告或各地廣播，以免錯失倒垃圾的時間。

② 倒在垃圾集中場

若是居住在社區大樓、住辦、高級住宅的房客，理論上會有垃圾集中場，所以外宿族只要將垃圾倒在社區指定的位置，就會有清潔人員代為處理，且隨時都可以丟垃圾，沒有須在固定時間丟垃圾的限制。如果是外務很多的學生，或是下班時間不固定的上班族，此類型的房子是較好的選擇，但因有收清潔費，所以加總的租金費用會較高。

SECTION 004 屋內設備使用權

不同的房東、不同的租屋類型，在屋內設備的使用權限上可能會有差異，所以一定要和房東再三確認，以免日後產生糾紛，以下列出常見房屋型態及對應可使用的設備。

<table>
<tr><th colspan="2">房屋型態</th><th>洗衣機</th><th>衛浴設備</th><th>網路</th><th>第四台</th><th>注意事項</th></tr>
<tr><td colspan="2">雅房</td><td colspan="4">房客共用。</td><td>有些有公用陽台可以曬衣服，或通常曬在房間內。</td></tr>
<tr><td colspan="2">套房</td><td>房客共用。</td><td>獨立使用。</td><td colspan="2">房客共用。</td><td>視承租房型而定，有些有私人陽台或曬在房間內。</td></tr>
<tr><td rowspan="2">整層住家</td><td>獨立承租</td><td colspan="4">獨立使用。</td><td>有私人陽台可以曬衣服。</td></tr>
<tr><td>共同承租</td><td>房客共用。</td><td>共同或獨立使用。</td><td colspan="2">房客共用。</td><td>有些有公用陽台可以曬衣服，或通常曬在房間內。</td></tr>
</table>

SECTION 005 其他須詢問資訊

除了以上提到的細項要向房東詢問，並達成共識外，以下列出可向房東詢問及核對的其他細節，供外宿族參考。

① 房屋使用規範

有些房東會對於房屋使用訂定特別的規範，例如：不能帶異性回租屋處或過夜、不能養寵物、不能裝潢（釘釘子或施工）、不能開伙（例如：電磁爐、電鍋等烹煮食材的器具都不可使用）等，這些房屋的使用規範都須事先詢問。

♦ 遵守生活公約

分租雅房、套房或是家庭式的物件，因共用的空間及設備較多，如浴室、洗衣機等，有些房東，或是居住在一起的室友會訂定生活公約，例如：規定進出時間、劃分打掃區域、公共物品（尤其以器材使用時會產生聲音的為主，如：洗衣機。）的使用時間等，在租屋時，須思考自己的作息及生活習慣是否能配合及遵守。

② 遺失或忘記帶鑰匙的處理辦法

若是在外不小心忘記帶鑰匙，或遺失鑰匙的處理方法須先向房東確認，可否自行找鎖匠開門並換鎖，以及費用是否可分攤等，建議事先向房東詢問清楚，以免日後產生糾紛。

但有些房東可能會有房屋的備份鑰匙，可以協助外宿族開門，但須注意房東是否會任意進出你承租的房間，這部分也須事先協調及詢問。

③ 可否更換門鎖或加裝門鍊、栓

若是在看房時覺得現在的門鎖不安全，或擔心上個房客擁有現在門鎖的鑰匙，可以詢問房東能不能自行更換門鎖，若能直接更換門鎖，記得保留原先門鎖，在不續租時再將門鎖換回，以免後續產生爭議；若是不方便直接更換門鎖，可跟房東協調能否在房門內側加裝門鍊或門栓，以保障自己的安全。

④ 是否提供停車位

以機車或汽車作為通勤工具的外宿族，在看房時，記得詢問房東是否有提供車位，以及房租是否已含車位租金；若沒有提供停車位，也可詢問房東附近是否有免費停車格或有提供月租服務的停車場，以免搬進去後產生停車不便或停車位距離租屋處太遠的窘境。

⑤ 設備點交表的提供者

外宿族可以事先詢問房東，在簽約時是否會提供設備點交表，若房東不提供，房客也能依照看房時所拍攝的照片自行製作。在簽約並點交設備時，可依據自己製作的設備點交表對照現場設備，以維護自己的權益。

⑥ 最快簽約、交屋時間

如果確定要租屋，待交付定金後，可以先詢問房東最快的簽約與交屋時間，以規劃日後排程。

♦ 交付定金時應注意事項

交付定金時，記得請房東填寫收據，內容一般會包含日期、定金的支付金額、出租地址、收款及付款人姓名及身分證字號、定金保留期限、違反約定之賠償方式等資訊，詳細撰寫方法可參考下圖，此步驟一定要進行，以保障雙方權益。

租屋定金收據

租賃物件地址：＿＿＿縣（市）＿＿＿＿區（鄉、市、鎮）

＿＿＿＿＿＿路（街）＿＿段＿＿巷＿＿弄＿＿號＿＿樓

之＿＿房號

茲收到＿＿＿＿（承租人）的租屋定金新台幣＿＿＿＿，

並依此定金保留房屋至＿＿年＿＿月＿＿日止。

經出租人及承租人雙方一致協商同意如下：

1. 若承租人臨時反悔，不想承租物件，即同意定金將由出租人沒收。
2. 若出租人突然違約，不願意出租物件，定金須加倍返還承租人。

此據

出租人簽章：

出租人身分證字號：

承租人簽章：

承租人身分證字號：

中華民國＿＿年＿＿月＿＿日

RENT
04

租—確認租屋契約

當外宿族評估好屋況、生活機能、環境等一切條件，以及和房東釐清租屋細節後，就可以進行契約的簽訂，待點交設備完成，就可以開始獨立自主的生活。（註：租賃契約與設備點交表皆為一式兩份，才能保障彼此的權益。）

SECTION 001 簽約「前」應注意事項

準備簽約前，有以下幾點注意事項：

① 確定房東身分

◆ 屋主簽約

可以請房東出示房屋所有權狀、身分證或是房屋稅單，以確認簽約人為屋主本人。

◆ 代理人簽約

若當天為代理人處理簽約事宜，應出示所有權人授權處理的證明文件，以及房屋所有權狀、房東及代理人的身分證，以保障自身權益。

◆ 二房東簽約

若簽約人為二房東，二房東應出示原始的租賃契約書，確認租賃契約中沒有「禁止轉租」的字樣，並注意租賃契約的到期日，以避免當原屋主不願意續約時，現任承租人就須搬離。

其他須知

⇨ 若房東未滿 20 歲，則須取得法定代理人的同意，以免之後產生糾紛。

⇨ 基本上保證人會以簽房客為主，以確保未來若不續約，房屋若有損壞，房東不償還的情形發生。

⇨ 有部分房東會要求簽約時須有連帶保證人，當房客（主債務人）積欠租金未繳，房東（債權人）可要求連帶保證人償還。

② 確認契約簽訂方式

♦ 口頭契約

雖然口頭契約也具法律效力，但若沒有留下證據，例如：錄音檔等，在房東或房客想毀約時，則很難提出有效證據，證明雙方的確有契約存在。

♦ 書面契約

大部分的房東和房客都會簽訂書面契約，是作為雙方保障的基本。（註：可在書局買現成的房租租賃契約，或是在內政部官網，查找並列印「房屋租賃契約書」。）

內政部房屋租賃契約書 QRcode

書局販售之契約書

③ 確認租賃契約是否需要公證

原則上租賃只要房東和房客達成共識即可，因契約即使未經法院公證，仍具有法律效力。

公證最主要是在保障當事人，當對方不履行租賃契約內容時，可直接向法院民事執行處聲請強制執行，不須經過漫長的官司時間，是最有效率的一種方式。

♦ 公證的好處

A. 保障公證人雙方（房客與房東）所簽訂的租賃契約內容。
B. 確認公證人雙方（房客與房東）的身分，則須提供相關資料。
C. 公證費只有訴訟費的十分之一，以及省去未來漫長的官司時間。
D. 契約公證後，房客不只可以報稅，還可以將戶籍遷入。
E. 退租時，若房東不退還押金，房客可以請法院強制執行。

SECTION 002

簽約「時」應注意事項

簽訂租賃契約時，有以下幾點注意事項：

COLUMN 01 關於租期

租期通常以一年為單位，但若身分為學生，則可能以一學年或一學期為主；若是要簽訂長約，可以和房東協調簽約的租期。

其他須知

如果未定租期，或租期超過 5 年，租賃契約則須經過公證，否則將不受民法保障。

COLUMN 02 關於租約

① **定期租約**：在租賃契約中，有明確註明租期時間，且房東及房客都有在租賃契約上簽名，即表示雙方都同意這份契約。

② **不定期租約**：分成以下兩種情況。

- 租賃契約沒有中沒有特別寫租期。
- 在租約到期後，沒有重新簽訂契約，但房東仍同意房客繼續住在房屋中，依據民法規定，租約就自動從「定期租約」轉為「不定期租約」。

其他須知

不定期租屋雖可立即終止契約，不受租期限制，但是民法規定房東須在「前一個月」通知房客，協調停止租約相關事宜；但若房客要終止租約，只須在「前一星期」或「前半個月」通知，再請房東退回押金即可。

COLUMN 03 可提前終止租約的情形

若租約還沒到期，不管簽訂的是定期或不定期租約，房東和房客都有可以提前終止租約的情況，以下分別說明。

① 租約可終止的情形

◆ 定期租約

基本上若是外宿族簽訂定期租約，房東若要終止契約，須事先取得房客同意，不可以單方面的解約；除非在租賃契約中有註明可提前終止契約，但仍須提前通知房客。

◆ 不定期租約

在法律上有限制房東須在特定的情況下，才能終止不定期租約，否則房客可以拒絕解約，但若符合法律特定情況，房東要終止契約，仍須提前通知房客。

② 房東可終止的情形

若發生以下幾種情況，法定房東可將房子收回，並提前解約。

- ◆ 房客擅自將房子轉租他人，未經房東同意。
- ◆ 房客積欠租金費用，以押金抵銷後，積欠金額達 2 個月以上。
- ◆ 房客使用租賃的房屋，並經營非法行業。
- ◆ 房客違反租賃契約，或未依照先前談定的細節使用房屋。
- ◆ 房客破壞出租人的房屋，或拿走租屋原先物品。
- ◆ 房東要重新改建，所以要將房屋收回，但須提前三個月告知房客。
- ◆ 房東要將房屋收回自住（適用於不定期租約，但仍須提前告知房客）。

③ 房客可終止的情形

- ◆ 房屋有影響房客健康、安全等的情形。
- ◆ 房東遲遲不安排修繕，如：漏水等情形，影響房客居住。
- ◆ 房屋有滅失（指因遺失、自然災害等原因存在），而不能達到原先欲租賃的目的。
- ◆ 出現第三個人主張擁有租賃物的權利，而影響房客使用，甚至影響收益。

COLUMN 04 押金、租金繳納方式與繳交期限

① 押金費用不得超過兩個月租金

按照法律規定，押金的費用不能超過兩個月的租金，如果超過，房客可用來折抵租金。

房客在簽訂租賃契約時，要注意房東列出的押金費用，若發現金額超收，須立即向房東反映。

② 租金繳納方式與繳交期限

租金繳納的細節須在簽訂租賃契約時，與房東再次確認，如下表。

繳納方式	付款週期	繳交期限
* 轉帳。 * 付現。	* 月繳。 * 年繳。	房東與房客協調好即可。

其他須知

房東在租賃期間不可以單方面且任意調漲房租。

③ 延長繳交期限

在簽約前可先和房東協調，如果自己臨時有突發狀況，可否延長租金的繳交期限，以及最多可寬限多久，以免日後產生紛爭。

COLUMN 05 確認交屋時間

在簽訂租賃契約時，須向房東再次核對交屋的時間，也可和房東討論能否提前搬入，或是自己前一個租屋期限未到、還是有一些私人狀況未處理完等，都可和房東討論是否能有搬家準備期，讓自己有緩衝時間，而以上情況只要雙方達成共識即可。

COLUMN 06 釐清修繕責任

若屋內設備損壞而當初沒有事先釐清修繕責任的話，易造成雙方的糾紛，所以須先將設備損壞後的修繕責任劃分清楚，並註明在租賃契約中，當設備有耗損或無法使用時，房客才知道該如何處理。

① 房子結構缺陷

如果房屋漏水、龜裂等房屋本身老舊產生的問題，通常由房東負責修繕，但如果房客在通知房東後並未等到工人來修繕時，房客可以有以下舉動：

- 訂下合理的修繕期限（以 5 ～ 7 天為主），以確保房客在居住上不會有問題。
- 若房東未在期限內修繕，房客可以先針對毀損的部分拍照，並自行請人修繕。
- 修繕產生的費用，可提供收據、報價單提供給房東，看房東是付現金，或款項直接由租金中扣除。

② 設備須保養或修繕

- 冷氣、洗衣機等大型設備的保養或修繕，通常由房東負責。
- 燈管、燈泡等消耗性物品，通常由房客負責更換。
- 若屋內設備是因房客不當使用而造成損壞，費用會由房客自行承擔。

其他須知

房客在簽訂租賃契約時，須確認契約內是否有「租賃期間所有物品、設備的修繕、保養等皆由房客負責」，以免皆須由房客承擔，因此在簽訂契約前一定要詳讀契約內容，以保障自身權益。

COLUMN 07 相關證件、個人資料的保護

若房客須提供身分證影本給房東，建議在影本正、反兩面上方標示「僅供租屋使用，不做其他用途」，以確保自己的資料不會被盜用。

COLUMN 08 三天審閱契約的期限

租賃契約至少會有三天的審閱期供房客讀契約內容，所以若害怕遺漏重要事項或細節，不用急著當天簽訂契約，建議房客可帶回家慢慢看，在確定契約內沒有問題之後再簽。

SECTION 003 租屋設備點交須知

「點交」的環節在租屋過程中非常重要，除了須確認設備的狀況外，也須確保有確實收到設備，以免房客未來不續租時，產生糾紛。

在看房子時，房客可以先記錄屋內的基本設備、或是拍照存檔，並詢問房東哪些是會保留、可供使用的設備，如果房東沒有提供設備點交表，房客也可以自行製作，在交屋並點交設備時，對照表格進行核對，以維護自己的權益，而在進行租屋設備點交時，有以下幾點注意事項：

① 核對屋況、測試設備功能

在點交設備時，須查看屋況是否有瑕疵、測試設備功能是否正常、是否有損壞的設備等。待核對無誤後，房客與房東皆須在設備點交表下方簽名，以表示雙方皆已核對並確認完成。

② 詳細紀錄設備點交表

若房東在房客的租約效期內，將設備換新或另外提供設備，則建議補充到設備點交表內，包含：款式、型號、使用情況、修繕責任等細節都可註記，且房客可要求房東備註：「設備在正常使用、自然耗損情況下，不在賠償的範圍內。」

③ 不任意丟棄房東提供的設備

若房客用不到附在租賃屋內的設備，應請房東取回或妥善保管，不可任意丟棄，否則須負賠償責任。

♦ 設備點交表製作範例

設備點交表						
名稱	款式、型號	數量	簽收前使用情況	修繕責任	修繕費用負擔	勾選
電視	東 X42 型 FHD 液晶顯示器 + 視訊盒（TL42K1TRE）	1 台	已使用 3 個月	房東	房東	
電熱水器	櫻 X SH125 數位恆溫電熱水器	1 個	已使用 1 年	房東	房東	
洗衣機	聲 X 15KG 變頻直立式洗衣機（ES-MD15F）	1 台	已使用 2 年	房東	房東	
電風扇	禾 X 14 吋智慧觸控變頻 7 葉片 DC 扇（HDF-14A8N）	1 台	已使用 6 年，壞掉由房客自行處理	房客	房客	
冰箱	大 X 108 公升單門冰箱（TR-108M-W）	1 台	已使用 1 年半	房東	房東	
工作桌	宜家家 X 工作桌白色	1 張	已使用半年	房東	房東	
冷氣機	日 X 變頻冷暖雙吹窗型空調 RA-61NV	1 台	已使用 2 年	房東	房東	
出租人簽收：＿＿＿＿＿＿＿＿ 承租人簽收：＿＿＿＿＿＿＿＿ 填表日期：＿＿＿＿年＿＿＿＿月＿＿＿＿日						

TIP 若有需要，可至 P.155 使用空白設備點交表。

SECTION 004

交屋須知

待租賃契約與設備點交表雙方皆確認無誤，以及房客繳納租金與押金後，當房東將鑰匙交給房客，待房客確認鑰匙數量並簽收後，即完成交屋。

租屋裝潢須知

Tips for Renting a House Decoration

搬家的前置作業

Prerequisites for Moving

入住的風水習俗

Feng-Shui Folklore of Residence

住家整理與收納

Home organization and Storage

生活用品管理

Asset Management

家事統整

Housework

獨自租屋必備常識

Common Sense of Renting a House

好鄰居 VS. 惡鄰居

Good Neighbor vs. Bad Neighbor

CHAPTER

3

住家整理

CLUTTER-CLEARING

MOVE
01

租屋裝潢須知

在看房時，應先跟房東確定房屋的使用規範，若想要自行裝潢房屋，建議取得房東同意並達成共識後，再進行裝潢的作業。也可以跟房東討論，待租約期滿時，房東是否願意直接買下裝潢，或是需要以「返還原狀」作為裝潢的條件。

若房東規定不能裝潢，在不破壞房屋的情形下，還有哪些物件可以運用？以下提供幾個方法供外宿族參考。

① 地板可使用地墊、卡扣式地板、或是地毯等可拆卸的物件，再依個人想呈現的風格選擇樣式。

- 地墊價格便宜，但因地墊沒有固定或黏著在地板的功能，所以放在地上時，易因踢到等原因移動到別處；除此之外，地墊若放在凹凸不平處，易因不平整而將人絆倒，在使用時須多加留意。
- 卡扣式地板價格較貴，但只須將卡扣式地板相互插扣就能固定，安裝及拆卸容易；再加上花樣多，為喜歡營造不同風格的外宿族可選購的類別。
- 地毯相較於地墊，除了體積較大外，風格、顏色多元，可依照個人喜好挑選。

② 若牆壁不可釘釘子，也不能重新粉刷，但又不想讓牆面太單調時，可搭配裝飾品或是運用無痕掛勾，破除不能破壞牆面的限制。

- 裝飾品是指花、畫，以及掛布等物品，可增添畫面感；也可自己 DIY 一些掛飾及配件，或是自製照片牆，都可營造出不同風格。
- 無痕掛勾不僅可輕鬆卸除，也不會留下痕跡，是相當便利的物品，外宿族可利用無痕掛勾的特點，再搭配不同裝飾品，輕鬆布置居住的空間。

MOVE
02

搬家的前置作業

開始搬家前，你一定要知道的環境整理術、打包秘訣、如何挑選搬家公司與估價，以及搬家注意事項等，當這些知識進入你的大腦後，就能更快速且順利的搬家。

SECTION 001 整理搬家物品與打包相關

搬家前，必要的準備工作為整理家中的物品，但你知道哪些物品，是一定要帶進新家的嗎？還有要如何打包行李，才不會在搬家的運送過程中造成困擾？身為外宿族必須要知道的搬家技巧，以下一一說明。

COLUMN 01 搬家必備整理清單

在開始整理物品前，先將要帶進新租屋處的物品，整理成一張列表，可用條列、勾選等不同方式呈現。

列表時，建議依區域或類別作為分類依據，例如：臥室、客廳、浴室、廚房、藥品類、3C用品類等，不僅方便確認物品，在搬進租屋處後，也能輕鬆整理，不會讓同一區、同一類的物品四散在各地。

➡搬家清單範例：

區域／類別	物品清單		紙箱編號
臥室	□ 衣物類（衣服、褲子、襪子）		臥室 1
臥室	□ 服飾配件		臥室 2
臥室	□ 棉被		臥室 3
臥室	□ 枕頭 □ 枕頭套	□ 床罩	臥室 4
臥室	□ 化妝品 □ 保養品	□ 文具類 □ 包包	臥室 5
臥室	□ 書籍類		臥室 6
客廳	□ 外出鞋	□ 室內拖鞋	其他 1
浴室	□ 吹風機 □ 盥洗用品 □ 浴廁清潔用品	□ 洗衣用品 □ 衣架	浴室 1
廚房	□ 餐具（碗、杯子、筷子等） □ 洗碗精 □ 保溫瓶 □ 鍋類	□ 刀具類 □ 廚房清潔用品 □ 垃圾袋 □ 垃圾桶	廚房 1
證件類	□ 身分證 □ 健保卡、信用卡	□ 提款卡、存摺 □ 印鑑	私人用品 1
藥品類	□ OK 繃 □ 紗布 □ 生理食鹽水	□ 碘酒 □ 棉花棒 □ 個人藥品	私人用品 1
3C用品類	□ 充電類（插頭、電源線、延長線）	□ 隨身碟 □ 手電筒	私人用品 1
其他	□ 掃把、畚箕 □ 拖把 □ 指甲剪	□ 大型家具類（櫃子、衣櫥） □ 電風扇	其他 1

COLUMN 02 **搬家整理 5 步驟**

大部分人在整理搬家物品時，家裡地板可能堆滿了待整理的物品，甚至會滿到沒有空間可以通行。其實，只要掌握 5 大步驟，就能讓整理過程變得簡單又快速。

STEP 01 巡視家中物品

在開始整理前，先巡視家中每個空間，並留意物品擺放位置及數量後，以紙筆紀錄下來，這樣可在後續評估時，更有效率的分配整理時間，以及準備打包的材料。

STEP 02 分階段整理物品

在巡視家中物品的同時，須同時思考該如何整理物品。除了評估需要多少紙箱或包材外，也要分階段安排整理的進度，通常有以下的分配方式。

- 一天整理一個區域，如：規劃一天整理客廳；兩天整理臥室等。
- 規劃每天的整理時間，如：早上 8 點～下午 6 點。

STEP 03 蒐集打包材料

便利商店、連鎖賣場及搬家公司都可以免費索取紙箱。便利商店通常只有尺寸較小、較薄的紙箱；連鎖賣場如家樂福、愛買及大潤發的紙箱較大、較寬、較厚，大型雜物都放得下；而搬家公司的紙箱，尺寸比 A3 大，且厚度較厚，可用來承裝重物。（註：須注意選用紙箱的大小，有些搬家公司會規定紙箱尺寸。）

包材的部分多半是使用在易碎物品上，若不想另外準備，也可以直接用舊衣服、毛巾包裹，快速又方便。

丟棄不用物品

運用「斷、捨、離」的方法，將捨不得丟，或是已經不需要、用不到的物品丟棄。

① 斷：斷絕不需要的東西

「平常不會看到，或沒在用的物品，你就是不需要」。若是抱持著「以後可能還會用到」、「當時花好多錢買的，捨不得丟」的心態，不需要的東西只會越積越多。

例如：儲藏室內擺放已久的物品，藏在書桌抽屜、櫃子深處的物品。

② 捨：只留下需要的東西

以「留下需要的東西」的心態整理環境，大約可以清理掉 70% 的物品。

例如：不會想再翻閱的書籍、雜誌，或是不再穿的衣物、鞋子，以及玩具、娃娃、公仔等物品。

③ 離：不要留戀回憶中的物品

有一些充滿「回憶」的物品，很多人會捨不得丟，可是回憶，就應該讓它成為回憶，留下一堆雜物只會壓縮可使用的空間。

例如：朋友送的生日卡片、節慶賀卡、明信片，旅程中買的紀念品等。

④ 如何處理不要的物品

以「斷、捨、離」的方式，將家中不需要的物品整理完畢後，留下可正常使用的物品，並依據類別或功能進行分類後，以拍賣、捐贈等不同方式，讓這些物品能提供給需要的人，再次發揮它的價值。

◆ 服飾、鞋類

可以轉送給親朋好友、育幼院、舊鞋救命協會等機構，或是參加二手拍賣、放至舊衣回收箱等。若是在冬天，也可以將衣物提供給流浪動物之家，讓流浪動物們能順利過冬。

◆ 廚具用品

可以轉送給親朋好友、育幼院等機構，或是參加二手拍賣等。如果有些是贈品，或是是抽獎抽到的，物品的保存狀況良好、也未開封過，則可上網拍賣兌現。

◆ 大型家具類

由於體積比較大，所以可以先詢問附近鄰居、親朋好友等，看他們是否需要這個家具，也可上網拍賣，如果找不到買家，再與搬家公司聯繫，詢問大型家具及廢棄物的處理方式。

◆ 玩具、娃娃、公仔類

可以詢問育幼院等機構是否接受這類型的贈予物，或是看鄰居、親朋好友中有沒有年齡較小的孩子，可將物品轉贈，以沿續該物品的價值。

◆ 書籍、雜誌類

可以透過網路、實體的二手書店，將書籍、雜誌轉賣，提供給需要的人外，若因書況不佳等因素遲遲沒有購買，也可將舊書回收，以減少垃圾的產生。

STEP 05 物品分區裝箱

物品整理完畢後，就可以開始進行打包的作業，也可將搬家清單拿出來對照，確認有沒有遺漏的物品，在打包裝箱時，有以下 7 點需要注意：

① 收納型家具須清空

有收納功能的家具，包含桌子、抽屜、衣櫃，常以傾倒的方式搬運，所以為了方便搬運，須將家具內部清空，不可將物品留在家具內，以免造成過重無法搬運，或發生家具內物品掉出砸傷搬運人員等危險情況。

② 妥善包裝易碎物品

搬家過程中，難免會有碰撞、掉落或是搖晃等情況產生，所以在打包時，必須將易碎物品放在同一箱，並在紙箱外備註「易碎物品」，供搬運人員辨識。除此之外，可用報紙或泡泡紙包覆外，也可以利用舊衣服或毛巾代替，以減少物品在搬運過程中損壞的機率。

③ 紙箱的使用最大值

裝箱時，須先思考要如何擺放物品，才可以最有效的利用紙箱。若隨意擺放物品，除了會浪費紙箱內的空間外，也可能造成物品的損壞，所以巧妙運用紙箱內的空間，不僅可以讓紙箱數量變少，也可以減少物品的損壞。（註：勿將紙箱全部裝滿，要留空間封箱。）

④ 重物須分散裝箱

將較重的物品分開且分箱擺放，例如：書籍、衣服、褲子等，不要全部裝成一箱，除了因重量過重，發生搬運人員搬不動，甚至拒搬的狀況外，也可能因過重導致箱子破損、變形，或造成搬運人員受傷等情況發生。

⑤ 重物與輕物的擺放位置

比較重又不怕壓的物品要放在箱底，而較輕、易壓壞的物品要放在上面，才不會造成物品損壞。（註：可在紙箱外備註「重物，底座朝下」，供搬運人員辨識。）

⑥ 日常必需品最後裝箱

將一周內所須的日用品最後獨立裝箱，例如：日常衣物、吹風機、盥洗用品、化妝品、保養品等。因為搬家後的第一星期，環境會比較凌亂，若沒有時間馬上整理，也不用再花費時間找尋日常所須的用品。

⑦ 紙箱記得封底

由於物品有一定的重量，在裝箱前要先以膠帶固定底部，才可進行裝箱作業，否則在搬運過程中，易造成物品掉落，使搬運人員受傷或物品損壞，所以要留意封箱時須使用黏性較強的膠帶封牢。

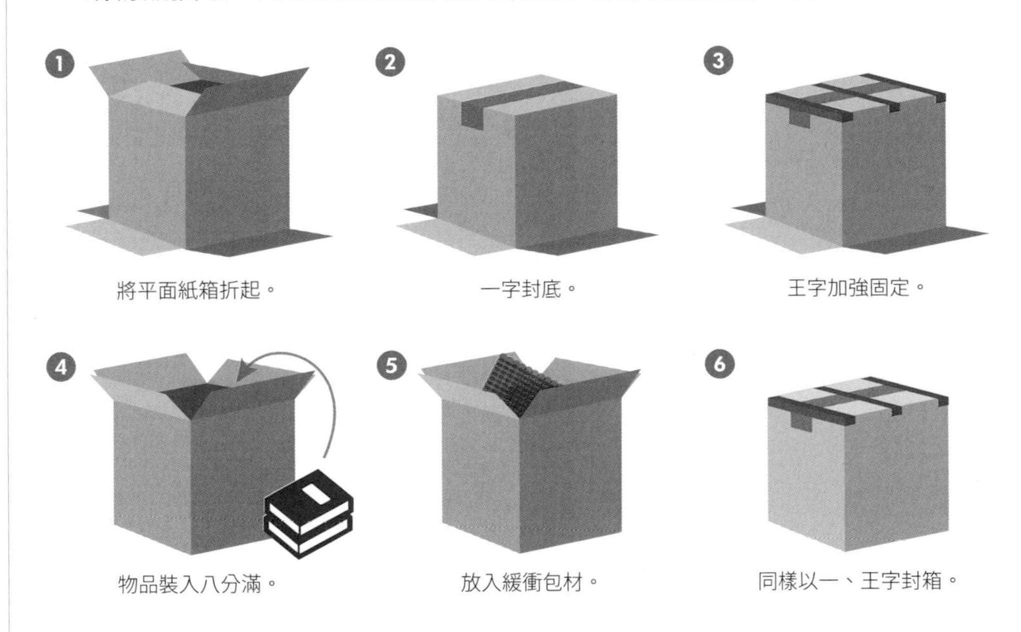

1 將平面紙箱折起。

2 一字封底。

3 王字加強固定。

4 物品裝入八分滿。

5 放入緩衝包材。

6 同樣以一、王字封箱。

打包裝箱完畢後，在封箱前，須在箱外標記內容物，以迅速知道物品的所在位置，讓搬家後的整理更方便，以下提供兩種方法。

方法	說明	示例
方法 1	以清單分類（P.64）為紙箱編號，在紙箱外貼上臥室 1、臥室 2 等標籤標示。	臥室 1　臥室 2
方法 2	直接在紙箱外標示箱內物品，例如：衣服、書籍等。	衣服　書籍

SECTION 002

條列採購清單

將搬家物品整理完畢後，可以先規劃要如何運用租屋處的空間，並構思如何布置環境與擺放物品。最後，列出採購清單，在搬家前將缺少的物品一次買齊，並請搬家公司一起搬過去，可以免除後續自行搬運的困擾。（註：僅以日常生活的用品為例，可依個人需求調整購買的物品。）

➡ 採購清單範例：

類別	採購物品
家電	電風扇、快煮鍋、電鍋等。
寢具	枕頭、棉被、床墊等。
收納	鞋櫃等。
醫藥	碘酒、生理食鹽水、ok 繃、紗布、個人藥品（消炎藥、止痛藥等）。
盥洗用品	沐浴乳、洗衣精、牙刷、牙膏等。
清潔用品	掃把、拖把、洗碗精等。

SECTION 003

搬家公司相關資訊

在整理物品的過程中，可同時找尋搬家公司，待整理完成後，就可直接請搬家公司協助，將物品運至新的租屋處。以下提供尋找搬家公司的管道、選擇搬家公司的要點、估價方式及計費方式，供外宿族參考。

COLUMN 01 尋找管道

① 親朋好友、管委會介紹

若不清楚要去哪裡找搬家公司，可向鄰居或親朋好友打聽，而居住在社區型、電梯大樓的房客，也可以透過管委會推薦搬家公司。

② 網路平台搜尋

透過各個網站的搜尋引擎，輸入「搬家公司」、「優質搬家公司」、「專業搬家公司」等關鍵字，即可瀏覽相關資訊。

③ 中華黃頁網路電話簿

外宿族可至「中華黃頁網路電話簿」查詢搬家公司的聯絡方式。

中華黃頁網路電話簿 QRcode

◆ 中華黃頁網路電話簿搜尋方法

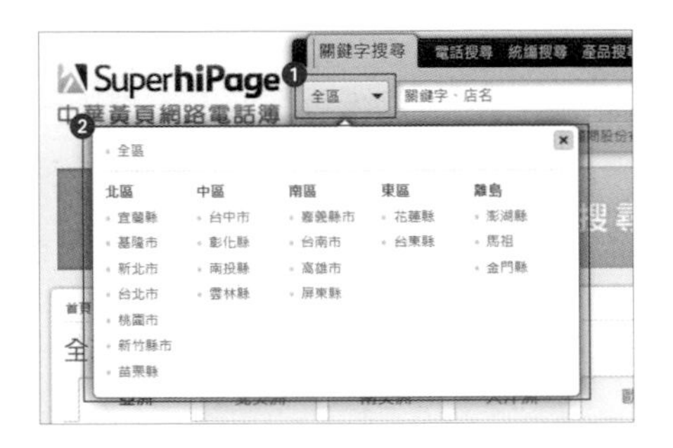

01 ❶ 點選「全區」。
❷ 出現下拉試選單。

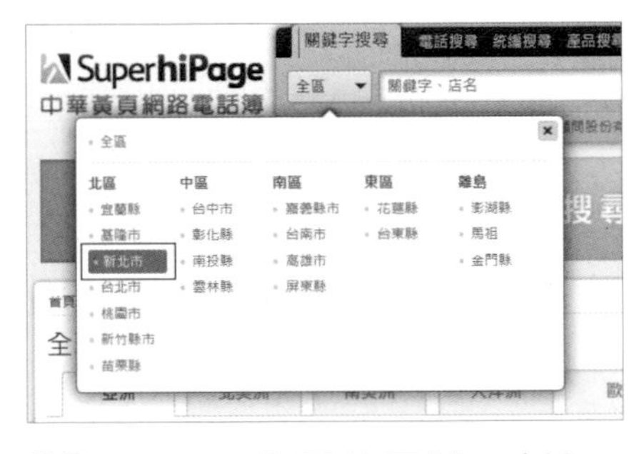

02 選取要搜尋的區域。（註：可依照所在地區變更查詢條件。）

03 ❶ 輸入「搬家」。
❷ 點選「搜尋」。

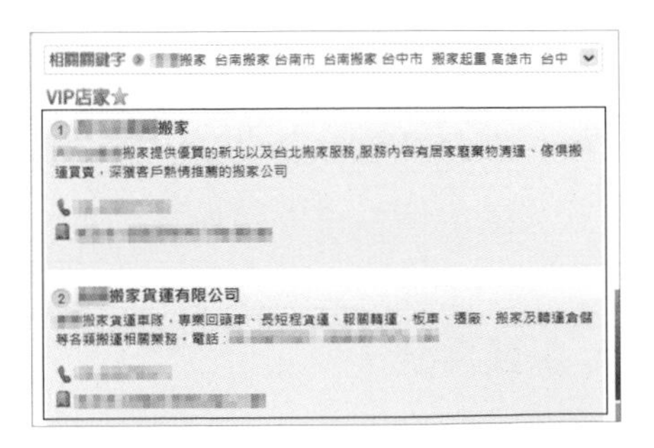

04 系統出現搜尋結果，可依個人需求選擇搬家公司。

④ 房仲業者介紹

許多人與房仲業者簽訂租賃契約時，會順便請房仲業者推薦搬家公司，但要注意的是，每間搬家公司可能會有固定合作的房仲廠商，所以在選擇搬家公司前，還是必須多方打聽，詳閱契約書，才是保障自身權益的不二法門。

COLUMN 02 選擇搬家公司的要點

① 合法立案

財政部稅務入口網的「營業（稅籍）登記資料公示查詢」系統提供合法立案查詢。可輸入統一編號、營業人名稱（公司名稱）與登記地址等三種方式，確定預計合作的搬家公司是否為合法立案的業者。

營業（稅籍）登記資料公示查詢系統 QRcode

② 契約書

當確定與哪間搬家公司合作後，建議先簽訂契約書，並談好詳細的細則和內容，以保障雙方權益，及減少過程中可能產生的糾紛。

③ 適合個人需求

有些搬家公司只負責載運物品，並不提供紙箱及到府服務。不過，有些公司在「估價」時，會由專業人員到府估價，先掌握動線與物品數量後，現場完成搬家的總金額計算。

④ 費用統一

有些搬家公司雖然會事先估價與確認費用，但當搬運人員到現場搬家時，有可能會不同意當初的報價，發生要加價才願意繼續搬運的情況，所以要事先詢問清楚，並簽訂契約，才不會影響現場的搬運狀況。

COLUMN 03 估價方式

① 手機 APP

下載搬家 GoEasy 的 APP，可以預估搬家的費用，而此 APP 是由崔媽媽基金會與搬家公司共同研發的線上估價系統，讓有搬家需求的消費者，可以快速計算出搬家的費用。

② 線上估價

有些搬家公司會在官網上提供估價的網路表單供消費者填寫，等消費者填寫完畢、搬家公司研究過後，會以電子郵件或電話等形式，告知消費者搬家費用。

③ 電話估價

大型家具不多的外宿族可使用電話詢價，只要在電話中交代搬遷時間、物品數量、搬運地形等條件給搬家公司即可。

④ 傳真估價

有些搬家公司會直接傳真估價單給消費者，等消費者填寫完成，並將估價單回傳後，待負責人員估價完成後，會回報消費者搬家的費用。

⑤ 到府估價

大多為免費服務，由專業人員親自到府，並在瞭解詳情後，現場完成估價。

COLUMN 04 服務項目

① 自助搬家

◆ 自助式搬家

定　義

消費者先將物品全部搬至一樓等待（主要為貨車停靠處附近），搬運人員抵達後，會直接將物品搬上車，並直接抵達新租屋處，再由搬運人員將物品搬下車，不協助上樓。

適用族群

青年族群或小資族群，沒有大型家具，只須搬運衣物、日常用品與書籍等少量物品。

◆ 半自助式搬家

定　義

消費者預先將物品裝箱、整理好，等待搬運人員一起上樓搬運物品，並在抵達新租屋處後，再協助消費者將物品搬上樓。

適用族群

青年族群或小資族群，無法提前將物品搬下樓等待，或是物品數量較多的人。

② 一般型搬家

定　義

消費者自行將物品打包裝箱，搬運人員至現場負責家具保護包裝、一般家具拆卸與包裝，並在抵達新租屋處後，將所有物品搬至家中，並將拆卸的家具組裝，以及完成家具定位。

適用族群 一般家庭。

③ 精緻型搬家

定　義

搬運人員至消費者家中協助整理，除了依序將物品打包裝箱、家具保護包裝、一般家具拆卸與保護外，在抵達新租屋處後，他們會將所有物品搬至家中，並將拆卸家具組裝完成、全部物品歸位，也就是由搬家公司一手包辦所有的搬家事宜。

適用族群

沒有時間或體力整理物品的上班族、年長者。

④ 回頭車服務

定　義

前一趟搬家工作完成後，回程時再搭載「順路」的物件。例如：搬家公司晚上會將物品從台北運至嘉義，在回程時，就能搭載台中到苗栗、新竹到桃園的物品。（註：須配合前一趟消費者的搬運時間與車型，也因為是回程的車子，無法自行指定時間和車型。）

適用族群

搬運物品數量不多、時間安排上較自由的族群。（註：車上可能不會只載單人的物品，很高機率會連同別人的物品一起載，所以適合搬運物品較少的消費者。）

➡ 搬家服務項目總表

<table>
<tr><th>服務項目</th><th>價格</th><th>適合族群</th><th>優點</th><th>缺點</th></tr>
<tr><td>自助式搬家</td><td rowspan="2">較低。</td><td rowspan="2">青年族群或小資族群。</td><td rowspan="2">價格便宜。</td><td>須自行搬運物品。</td></tr>
<tr><td>半自助式搬家</td><td>須自行搬運些許物品。</td></tr>
</table>

服務項目	價格	適合族群	優點	缺點
一般型搬家	中等。	一般家庭。	消費者只須負責打包裝箱，不須自行搬運物品。	價格偏高。
精緻型搬家	較高。	忙碌上班族、年長者。	全程由搬家公司一手包辦，消費者不須處理。	價格最高。
回頭車服務	較低。	物品數量不多、時間安排上較自由的族群。	價格便宜。	無法指定時間和車型，須配合「前一趟」的消費者。

COLUMN 05 計費方式

① 以車計價

搬家公司在評估人員數、樓層數、物品數量、時間、地形等細節後，就會告知預計派出的貨車車型、數量，與每輛車的單價。

> 舉例說明
>
> 以一輛 3.49 噸的貨車，出車價為 3,500 元，若以**出車數 × 每車單價＝搬運總價的公式**，派出 2 台貨車的搬家公司，總共收費 3,500×2 ＝ 7,000 元。

建議學生搬家，或僅搬部分家具等物品較少的外宿族使用此方案，因每台車以載運空間裝滿為主，但若 1 台車載不完所有物品，可依預算評估是否加車，在確定派車數量後，就會簽訂契約書，並依各公司規定，支付定金，搬家當天再支付餘款。

② 承包計價

消費者預約估價後，專業人員會到房屋現場查看，並在確定搬運物品與搬運價格後，簽訂契約書，並依各公司規定支付定金。搬家當天搬家公司就會依照契約所承包的物品進行搬運工作，消費者會在搬運完成後支付餘款。

舉例說明	專業人員至消費者程小姐家中進行估價，預估將程小姐家中所有物品搬運至新租屋處總共要花費 6,500 元，若程小姐同意報價，就會簽訂契約書及支付定金，於搬運完畢後，支付搬家公司餘款。

此方案適合家庭、公司，或是搬運物品較多者使用。由於契約書已經事先註記承包範圍與搬運價格，搬家當天無法臨時更改契約內容，須事先與搬家公司人員確定搬運時間、派出的車輛數、搬運人員數、搬運物品、地點、包裝，與家具拆裝服務等需求。

◆ 計費方式比較總表

計費方式	適合族群	優點	缺點	注意事項
以車計價	學生、物品數較少的族群。	以單價計算總額，簡單又方便。	有時候會遇到惡意加價或是不合理的情況。	每間搬家公司費用都不同，不同貨車、車型可能也會有不同的價格，可多比較後選擇。
承包計價	家庭、公司行號，物品數較多的族群。	全權交給搬家公司處理。	契約書事先載明相關內容，搬家當天無法臨時做更改。	

③ 特殊加價項目

◆ 特殊地形

A. 樓中樓夾層。

B. 電梯無法直達搬運樓層，須轉乘電梯。

C. 步行距離超過 20 公尺（含）。

◆ 特殊服務

A. 物品包裝服務。

B. 直立式／演奏型鋼琴。

C. DIY 家具拆卸、組裝。

D. 100 公斤以上超重物品。

E. 特殊物品（古董、音響等）。

SECTION 004

簽訂搬家契約書

行政院搬家貨運定型化契約範本 QRcode

與搬家公司討論過後，將雙方達成的協議與結論以白紙黑字記載，成為具有法律效力的契約書。

契約書為保障房客權益的重要文件，應將所有討論細節全數註記在契約書內，包含定金和餘款的支付金額須寫明外，記得要索取付款證明，外宿族務必仔細確認後再簽名。

COLUMN 01 搬家契約 5 大重點

① 確認搬運地點、時間與地形

除了地址須詳列清楚外，包含住家樓層、有無電梯，以及原租屋處和新租屋處兩地的距離等，都要確認清楚。

另外，有些人會看入住時間和拜拜的時間，甚至有可能半夜或是大清早搬家，如果已經看好入住時間，一定要告知搬家公司。

② 確認搬運物品清單

須確認契約上條列的所有須搬運物品，因為列出物品清單不但便於清點，也可以更快掌握現場搬運的進度與狀況。

③ 確認計費、付款方式及服務人車數量

須註明是使用哪一種計費及付款方式外，每車的單價金額，因此車型、車輛大小（噸數）和搬運當天的總車輛數，以及服務人員的數量都要在契約書上註明，並確定須付定金及餘款的支付方式，以確保雙方的權益。（註：在估價時，應確認搬運金額是否含稅。）

④ 損壞理賠原則與賠償金上限

搬運過程中造成的物品損壞理賠，一般皆依照交通部「搬運貨運定型化契約」來處理，原則上消費者應於搬運完成後「三天內」告知搬家

公司；若搬運的物品不易發現損壞情況，則應於搬運完成後的「十日內」告知。

因每間搬家公司賠償的規定不同，若能協助修繕的物品，一般皆以修繕為主要原則；一般物品的損壞賠償，以物品折舊後的現值為理賠標準。所以建議在簽約前，向業者詢問物品損壞的理賠原則及賠償金額上限，以減少後續糾紛。

⑤ 紀錄搬家業者基本資料

在簽名欄位中，搬家業者也須留下基本資料，包含搬家公司的名稱、地址、電話及負責人姓名。（註：有些業者會蓋發票章表示。）

SECTION 005 其他搬家注意事項

① 物品擺放的位置

若是選擇搬家公司協助搬運的服務，記得要告知搬運人員物品擺放的位置，以免搬至租屋處後，發現物品擺放位置錯誤，還須自行搬動。

② 更改地址

外宿族只要到郵局或是上「中華郵政地址遷移通報服務」登錄通報，所有公家機關或公用事業，都會自動更改地址，如此一來，不管是水電費、行照、駕照、房屋稅繳款通知、健保費繳款通知等，都會自動更改為新的通訊地址，省去個別通知的困擾。（註：郵局通報範圍不含私人機構，例如：銀行、電信業等。）

中華郵政地址遷移通報服務 QRcode

MOVE
03

入住的風水習俗

在搬家、入住時，可參考風水習俗做一些增加好運的事情，讓搬家過程更加順利。以下列出相關注意事項，供外宿族參考。

SECTION 001 搬入租屋處的注意事項

① 搬家時可查詢農民曆，選擇適合「移徙」的好日子，開始全新的生活。

② 建議在早上或中午搬家，避免在日落後搬家，尤其不建議在夜間搬家，因為從風水的觀點來看，表示日夜操勞。

③ 建議不要空手搬入租屋處，可以攜帶米桶，表示衣食無憂；攜帶銀行卡、存摺等物品，表示財路一帆風順。

④ 建議孕婦不要參與搬家過程，以免動到胎氣。

⑤ 事先規劃搬家的行車路線，盡量避開醫院、教堂等場所。

SECTION 002 入住租屋處的注意事項

① 建議入住當天要說吉利話，做吉祥事。

② 建議入住當天可以燒一壺開水，表示財源滾滾。

③ 建議入住一周內，可以請親朋好友來家中吃飯、玩樂等，不僅增添人氣，也能帶來更多福貴氣息。

HOUSEWORK
04

住家整理與收納

在剛搬進新租屋處時，如何收納、整理物品，以及在日常生活中該如何整理物品，讓自己住的舒適？以下提供住家環境整理與收納的方法，供外宿族參考。

SECTION 001 整理環境的原因

人的情緒與居住環境有時候會有關聯，如果居住環境過於雜亂，容易讓人心情鬱悶、煩憂，或是脾氣變得較暴躁、易怒等，或是因髒亂，使屋內產生蚊子、蟑螂等情況的話，有時甚至會影響個人健康狀況。

所以適時的整理環境，除了能讓自己的心情放鬆外，也可審視並調整自己的生活步調，讓自己住得舒適又放鬆。

SECTION 002 整理環境的好處

有一些人因為本身對於住家環境的要求，平時就會定期打掃、整理居家環境，但整理環境會有哪些好處？以下分別說明。

① 可調整身體狀態

若是長期居住在髒亂、潮濕的環境，會讓自己的身體狀況變差，所以讓自家環境保持明亮、乾淨、清爽，除了讓心情愉悅外，也能讓身體維持在好的狀態。

② 可增加安全感

若是環境雜亂，在屋內行走時，易因為絆到地上堆放的雜物、線材而不小心受傷，或是因物品堆疊過高，增加物品掉落的危險性。若保持環境整潔，除了可減少受傷的機率外，也可降低因線材纏繞而引發火災的可能性，可降低因人為疏忽產生災害。

③ 可降低感冒機率

一些經常用手觸摸的物品，包含電話、門把、電燈開關、鍵盤等，上面較易有細菌或是病毒留存，所以可用除菌抹布或酒精類紙巾擦拭，能有效減少與病菌接觸的機會。

④ 可減輕壓力

在整理環境時，會將專注力會放在整理上，除了會穩定自身狀態外，也能順勢整理思緒，所以當自己將外在環境整理完成後，內在情緒、壓力等負面狀態有機會能得到緩解。

⑤ 可降低過敏機率

床單、棉被、枕頭等寢具，或是窗簾、布偶等物品，都是塵蟎的棲息地，所以建議定期（每周至少一次）清洗床單、枕頭等物品，可降低過敏的可能性；家中若有養寵物，或有人抽菸，可定期用吸塵器清潔環境地板，有助降低過敏機率。

⑥ 可降低食物中毒機率

定期使用消毒濕巾等抗菌物品擦拭廚房環境（水槽、水龍頭、餐具等物品），能減少食物中毒的風險。

SECTION 003 收納原則與技巧──小空間大運用

租屋處的空間有限、裝潢又不能因自己喜好更改，要如何整理物品並收納？以下針對現有環境、收納的原則與技巧做說明，讓大家能運用現有資源，做有效收納。

Point 01 現有的收納環境

收納可分為隱藏式收納與展示式收納，基本比例為7（隱藏）：3（展示）在使用及視覺上最為剛好。

① 隱藏式收納

除了在視覺上能較舒適外，也能使居住空間保持乾淨。

適用

功能性用品（茶葉罐、茶包等）、不常使用的物品、雜物等。

② 展示式收納

可將物品整齊擺放，同時達到美觀效果。

適用

收藏品、手工藝品等展示用物品，或是使用頻率高的物品。

Point 02 物品收納技巧

依據不同地方、不同類別的物品，選擇適合的收納方法，才能讓空間達成有效的利用。

① 衣物收納技巧

◆ 分隔版

可利用紙板或是塑膠板等有硬度的板子，將抽屜分成格子狀，作為分隔板使用，除了讓衣服可以整齊收納外，也能將衣服分類放好。

◆ L 型書架

使用 L 型書架可將衣服直立擺放，做出區隔外，在拿出一件衣服時，只要將書架往內推，衣服就能保持整齊的狀態。

◆ 衣物收納盒

運用衣物專屬收納盒，將襪子、內衣褲等體積較小的衣物進行收納整理，以免被其他衣物掩蓋而找不到。

◆ 掛桿

帽子、圍巾可在牆壁上平行放上兩根掛桿後，再勾上 S 形掛勾；上層放帽子，下層掛圍巾，拿取與歸位都相當簡單、方便。

② 飾品收納技巧

可購買飾品收納盒，放入耳環、戒指、手環、項鍊等飾品。

③ 房門收納技巧

可在門後掛上掛鉤、收納架等，並掛上置物袋等收納小物，除了可增加置物空間外，也掛上外出用包包、帽子等常用物品。

④ 床底收納技巧

挑選有收納抽屜的床底，可增加物品收納的空間。

⑤ 牆面空間收納技巧

在牆面上裝設置物架、壁掛收納盒等收納小物，可讓牆面空間成為物品收納一部分。

生活用品管理

什麼是生活用品管理呢？我們可以看看下列問題：

① 家中有哪些藥品、放在哪裡？
② 多久補充一次衛生紙？
③ 青菜多久吃完一次？
④ 護手霜還剩多少？過期了嗎？

有些人可以快速回答出答案，但有些人可能會感到些許困惑，而知道自己擁有什麼，就是「生活用品管理」，也可稱為資產管理。

在進行資產管理時，須先盤點日用品，並記錄：收納位置、使用頻率、開封日、效期、購買日和用量等資訊，讓自己可以掌握物品的位置及用量外，也能規劃外出採購的時間、地點和物品等，以避免自己臨時發現日用品用完，但沒時間採買的窘境。

SECTION 001 選擇工具及方式

日用品管理只須筆記本或 Excel 就可以進行，拿出筆或手機，開始盤點並記錄家中物品吧！

COLUMN 01 筆記本

若選擇以筆記本記錄家中目前日用品的庫存及位置，建議選擇活頁筆記本，除了頁面增減及移動較自由、便利外，也能有效區分房間區域。

另外，可將筆記本放在顯眼的位置，除了提醒自己須定時紀錄外，也可避免筆記本遺失。但若品項繁雜，就可能會花費較多時間書寫，或平常沒整理筆記習慣的人，則易有不斷塗改筆記的可能性。

適用對象 手寫速度快、不擅長 Excel 及愛好整理筆記的人。

COLUMN 02 Excel

運用 Excel 表記錄日用品的使用及庫存，不須使用橡皮擦、立可白等文具，可隨意調動、修改文字，是相對方便的工具，但在使用時建議將檔案建立在雲端硬碟，讓自己在無論手機或電腦端都能輕鬆修改、查閱。

適用對象 喜歡打字、擅長 Excel、想要在手機或電腦平台上記錄的人。

SECTION 002 盤點並釐清保存方法

物品分為會過期和不會過期兩種，不會過期的物品包含衛生紙、清潔用品、文具等，而會過期的物品除了注意期限，還須注意保存方式，因為不理想的保存環境會加快物品腐壞的速度。而外宿族在盤點時，可先檢查保存日期，再丟棄過期且出現異狀的物品，以免誤用；並將快過期的物品列出清單後，放在明顯處，以提醒自己盡速使用，以下針對常見日用品、食物做簡單說明。

COLUMN 01 食物

➡ 認識保存期限、有效日期、賞味期限

① 保存期限

指食品在特定儲存條件下，可以保持品質的期間，通常為固定的時間範圍，如「保存期限：二年」。在市售的罐頭、餅乾、米麵等食物標示上幾乎都會印製。

② 有效日期

指食品在特定儲存條件下，可保持品質的最終期限，通常為時間點，如「有效日期：20XX 年 8 月 29 日」，超過此期限的物品應避免食用，而在國外食品包裝上的有效期限標示為「use by」、「expiry date（exp）」，外宿族可依購買物品檢視。

③ 賞味期限

指食品可保持最佳風味、品質的期限，期限過後風味、口感會下降，但仍可食用，而在國外食品包裝上的賞味期限標示為「best before」。

COLUMN 02 醫藥

① 認識保存期限、使用期限

- **保存期限**：開封前，可以存放的期限，標示為「exp」（Expiration date），格式有四種（以 2028 年 9 月 5 日為例）請見右表。
- **使用期限**：開封後，可以使用的期限，標示為「BUD」（Beyond-Use Date）。

標示格式	範例
年月	202809
月年	092028
年月日	20280905、280905
日月年	05092028、050928

② 藥品保存方法

- **放在乾燥、陰涼，孩童不易取得處**

避免放在口袋、廚房、浴室、汽車等高溫高濕的環境中。而藥品若沒有特別註明，請勿將藥品置於冰箱，以免冰箱的高濕環境影響藥品的品質；但若藥品註明須冷藏，則勿置於冰箱門邊，以免開關門時藥品受溫差影響。

◆內服、外用藥須分開存放

外用和口服藥品建議分開存放，以免誤食錯用。

◆保留說明書、原包裝

說明書中有效期、用量、用法、保存方式等藥品使用細節。每種藥品都有特定的保存方式，最常見的是以鋁箔獨立的包裝方式，若要分裝進小藥盒，須連鋁箔一起剪下再放入，以免影響藥品的穩定性及藥效。

◆記錄效期、用法、用量（可在藥罐外貼註）

可在藥罐上貼標籤註記：效期、用量、用法、保存方式等用藥細節，以免使用到過期藥品，或在食用時過量、保存不當等。

◆藥品開罐後，棉花和乾燥劑須丟棄

藥罐開啟後，乾燥劑、棉花會很快的吸飽空氣中的水分，失去乾燥的作用。所以在開罐後須立即丟棄，以免水氣從吸滿水的乾燥劑、棉花棒中釋出。

③ 用藥常識

- ◆請勿以咖啡、茶、果汁、可樂、牛奶、酒配服藥品，以免影響藥效。
- ◆服藥後，不可飲酒及含酒精性飲料，以免增強藥的副作用。
- ◆忘記吃藥時，若距離下次吃藥時間還有段距離，可立即補吃，但不須一次服用兩倍劑量，以免帶給身體負擔；但實際服藥的方式，仍須依照醫囑中的指示服用，以免有其他特例。
- ◆每種藥品皆為醫生針對個人病情和體質開處方，所以請勿提供給其他人服用。

COLUMN 03 美妝

① 認識保存期限、開封後保存期限

◆ 保存期限

開封前商品可以保存的期限，可使用免費網站「化妝品生產日期查詢器」推算保存期限截止日。

化妝品生產日期查詢器

◆ 開封後保存期限

開罐符號示意圖

代表化妝品開啟後能保持原有品質的時間，符號為寫著「數字＋M」的開罐符號，M 代表月份（month），如：「6M」就代表商品須在開封後的 6 個月內使用完畢。

② 保存方式

須放在乾燥、陰涼處，若使用罐裝乳液、乳霜等，建議使用挖勺取用，或在取用前先洗淨雙手，以保持產品的乾淨、衛生。

SECTION 003 核對消耗頻率

盤點完家中日用品，並記錄品項、效期後，外宿族就可在日常生活中觀察並記錄自身日用品的使用情形和用量，並能進一步推估出消耗完的時間，以提前採買補充。

COLUMN 01 食物

若外宿族有自己煮飯的習慣，評估須購買的食材量就相對重要，除了依據個人的飲食習慣、食量外，可利用「餐」和「日」的單位，分別記錄主食、蔬果、肉類等食材的運用情形，

比如：一餐吃一碗飯，一天則須三碗等，依此類推，就可列出個人每週所須的食材量和餐費，並集中在假日買齊。

但若食品已接近保存期限，則可分天、分量吃完，以免食物過期。例如：蛋糕在五天後過期，所以每天須吃 1 ／ 5 塊蛋糕，才能在期限內食用完畢。

COLUMN 02 醫藥

通常處方藥（就醫後取得）的消耗頻率較固定（如三餐飯後），可設定手機鬧鐘提醒自己按時服用，以免忘記。醫生在開立處方籤時會註明用藥天數，如三天份、一星期份等，若難以評估在用完藥後痊癒，可提前預約並在服完藥的當天回診。

內服成藥可在需要時參照說明書上的建議用量進行服用，並記錄下使用日期、時間；外用藥可記錄每次購買的日期和使用次數。

COLUMN 03 美妝

若為按壓瓶，可記錄使用時的按壓次數；若包裝為罐裝、管狀時，因較難記錄用量，所以可記錄完全用完的日期，以估算出須購買、補貨的時間點。

SECTION 004 安排購物

預估出物品消耗完的時間後，可依照個人生活習慣，提前計畫採買。購物前，可先列出購買清單，除了可多方比價外，也能避免漏買，或不小心重複購買，外宿族可依據購買清單決定採買的時間、地點，用快速、有效率的方式補齊所須物品。

購買清單

1. 在盤點後，列出須購買清單，並安排時間買齊。
2. 依據個人使用習慣，列出物品補充的頻率，即完成固定購買清單。

時間

列出購買清單後，可依據個人的時間安排，決定購買日期和購物時間。

例如：固定一週購買一次食材、三個月買一次家用品等，若無法一次購齊所須物品，也可分批、分次購買。

地點

可根據品項選擇購買地點。

例如：至傳統市場、超級市場買食材；在藥妝店、百貨公司購買美妝等，也可選擇一次在大賣場買齊所須物品。

SECTION 001
衣物篇

當成為外宿族後，就須學會洗衣、摺衣等家事，也有可能遇到皺摺衣物需要熨燙，或鈕扣脫落需要縫補等狀況。

COLUMN 01
基本須知：洗衣標示（洗標）

在衣服的洗標上的符號分別代表在洗滌這件衣服時，衣服可以承受的限度，所以也可使用比標示更溫和的方式處理衣物，以下分別介紹洗標符號的代表意思。

➡ 基本符號

溫度標示
越多點代表溫度越高。

強度標示
圖形最下方的底線越多，代表清洗時速度需要越和緩。

禁止標示
代表衣物不可以此方式處理。

➡ 水洗符號

符號為中間有波浪形的盆狀，主要在標示清洗衣物時的注意事項。

可自行洗衣（手洗、機洗皆可）。

30

數字表示洗衣時容許的最高溫度，此例上限為 30 度。

溫和洗程序，此例溫度上限為 60 度。

非常溫和洗程序，此例溫度上限為 40 度。

一般大眾無法自行處理，只能送乾洗店。

須以手洗方式清洗衣物，溫度上限為 40 度。若使用洗衣機，須先將衣服由外往內翻面，並放入洗衣袋中。

➡ 漂白符號

符號為三角形，用以表示衣物是否可以漂白。

可使用任何漂白劑。

勿漂白。

可使用氧系漂白劑，不可使用氯系漂白劑。

➡ 乾燥符號

符號為正方形，用以表示衣物適合的乾燥方式，如下表。

乾燥符號	單線（可脫水）	雙線（不可脫水及擰乾）	斜線（無光的陰涼處）	
直線（懸掛）	懸掛晾乾	懸掛滴乾	在陰涼處懸掛晾乾。	在陰涼處懸掛滴乾。
橫線（平鋪）	平鋪晾乾	平鋪滴乾	在陰涼處平鋪晾乾。	在陰涼處平鋪滴乾。

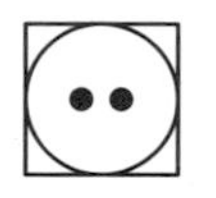

可用高溫烘乾（80 度）。

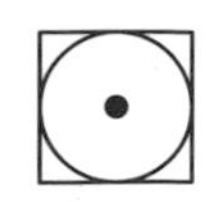

可用低溫烘乾（60 度）。

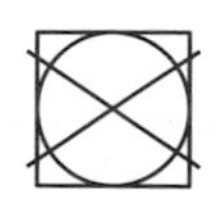

不可烘乾，避免布料收縮造成衣服損壞。

➡ 熨燙符號

符號為熨斗形，用以表示是否可以熨燙，及熨斗底板的最高溫度。

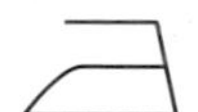

可熨燙。

低溫（110 度）。

中溫（150 度）。

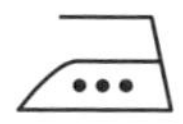

高溫（200 度）。

勿熨燙。

➡ 乾洗符號

符號為圓形，用以表示衣物適合的送洗方式，如果洗標上出現這個符號，請送往洗衣店處理，勿自行清洗。

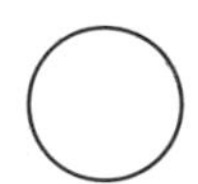

專業紡織品維護（專業乾洗或專業濕洗）。

專業濕洗。

專業濕洗，溫和洗程序。

專業濕洗，非常溫和洗程序。

使用四氯乙烯溶劑乾洗。

使用碳氫化合物溶劑乾洗。

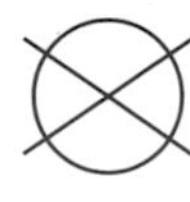

勿乾洗。

COLUMN 02 洗衣

機洗只須在洗衣機中倒入適量洗劑，並且設定好時間、按下開始鍵後，就會開始自動洗衣，但若是遇到汙漬沾到衣物、衣料不可機洗等情況時，就須用到手洗，以下分別說明。

➡ 洗衣原則

原則	內容
詳閱洗衣標示及洗劑說明	* 依據衣服的質料、洗衣標示等，選擇洗滌方式。 * 有特殊洗滌方式的衣服，可剪下洗標並留存洗衣方式。 * 洗劑量須參考外包裝標示，酌量使用。
檢查口袋	拉出口袋並取出雜物。 TIP **若誤將衛生紙一起放入洗衣機，會造成細小碎屑並黏附在衣物上，以下為處理方式。** 衣物處理：將衣物重新倒入洗衣機後，加入柔軟精，設定「清洗一次、脫水一次」後進行洗滌。 洗衣機處理：使用「槽清洗」流程以清潔洗衣槽。
拉上拉鍊、解開扣子	* 將金屬拉鍊拉上，以避免衣物或洗衣機體受損。 * 將扣子解開，以免在洗衣時拉扯到扣眼，使扣子脫落。
分深淺	將衣物（不包含內衣、襪子）依照顏色分類並清洗，以免在洗滌時深色衣服褪色，使淺色衣物被染色。
洗內衣	* 在清洗內衣時，勿同時清洗襪子、較髒衣物，以避免在內衣上殘留細菌造成皮膚過敏。 * 將女性內衣放入洗衣球或筒式洗衣袋中，以免在清洗時變形。
反面洗滌	將衣物由外往內翻面後再放入洗衣機，以免在洗滌過程中，因衣物摩擦而造成圖案、裝飾掉落等狀況。
汙漬處理	* 沾到汙漬時，建議盡快處理，較易清除。 * 若無法立即處理，在洗衣前，要先清除汙漬，以免在浸泡時，使衣物上的汙染面擴大，更難清潔。

每日清洗

建議每天清洗貼身衣物，以免孳生細菌。

立即洗手

接觸放置多天的衣物時，須立即洗手，以免細菌殘留在手上。

➡洗衣產品比一比

類別	洗衣粉	洗衣精	洗衣膠囊	洗衣皂	皂粉
酸鹼度	鹼性。	中性。	中性。	鹼性。	鹼性。
適用衣物	堅韌布料的衣物，例如：外套、牛仔褲、羽絨服。	不限。		沾染灰塵或較為骯髒的衣物，例如：外套、褲子、襪子、貼身衣物。	皆可，需要溫和洗劑的衣物，例如：嬰兒衣物、貼身衣物。
使用時機	手洗、機洗。		機洗。	手洗。	手洗、機洗。

➡汙漬洗

當衣服不小心染上汙漬，洗衣機也洗不乾淨時，就須用手洗，在清洗時，須使用冷水而非熱水，以避免汙漬附著，難以清洗。

① 辨別汙漬類型

汙漬類型	水性	油性	其他
舉例	醬油、番茄醬、血漬、茶、果汁、咖啡等。	豬油、汽油、巧克力、麥克筆、口紅等。	口香糖、油漆、鐵鏽、泛黃等。

② 選擇合適的去汙劑

去汙劑	汙漬類型	可去除的汙漬
白醋	水性。	茶、咖啡、果汁、紅酒。
小蘇打粉	油性。	食物、醬汁。
洗碗精	油性。	油漬、粉底、口紅、蠟筆。
鹽	水性、油性。	紅酒、汗漬、血漬。
牙膏	水性、油性。	茶、咖啡、咖哩、汗漬、油漬。
雙氧水	水性。	汗漬、尿液、血漬。
工業酒精	油性。	墨汁、麥克筆、奇異筆、白板筆、原字筆。

TIP **去汙筆**：可將去汙筆隨身攜帶，在衣物沾到汙漬時立即使用，但須注意是否含漂白劑成分。

③ 其他汙漬

- **經血**：血跡沾到床單、褲子時，可將雙氧水倒在汙漬處靜置 10 分鐘後清洗；也可使用牙膏、小蘇打粉、洗衣皂去除血汙。
- **口香糖**：衣物沾到口香糖時，須以冰塊敷至硬化後剝除，也可塗抹蛋白在口香糖上，待口香糖軟化後清除。
- **油漆**

類型	水溶性油漆	非水溶性油漆
未風乾時使用	清水。	洗碗精。
已風乾時使用	酒精。	橄欖油、沙拉油（塗抹後靜置 10 分鐘後搓洗）。

- **鐵鏽**：衣物沾到鐵鏽時，在髒汙處使用鹽、醋，靜置一小時後，即可清除。
- **白衣泛黃**：將食鹽、牙膏、白醋，塗或倒在衣物泛黃處靜置 3 分鐘後搓洗，若衣物放太久，可直接使用漂白水，即可將衣物漂白。

TIP 清潔劑並非混合後，清潔功效就會加倍，反而可能會產生化學反應，導致意想不到的後果。因此，在通馬桶、去除衣物汙漬、打掃浴室或任何情形，都應注意避免混合使用清潔劑。

➡ 手洗

若衣服沾到汙漬，用機洗並不易清除，或是衣服較細緻、易掉色等，都建議用手洗，以免將衣服洗壞，以下介紹手洗的清洗方法。

① 前置作業

STEP 01  將衣物口袋拉出，順勢取出雜物。

STEP 02  將內衣褲、襪子、衣物分開。

STEP 03  將黑色、白色、彩色衣物分開；新購買的衣物、精緻衣物、較髒衣物也須分開處理。

STEP 04 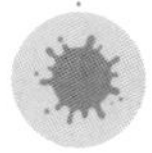 洗去嚴重汙漬髒點，如醬油、奇異筆、泥土。

TIP 請參考汙漬洗 P.96。

② 洗衣

STEP 01  將洗衣盆裝水，放入少許洗衣粉或洗衣精攪拌至完全溶解。

TIP 若洗衣標示許可，用溫水洗滌的效果更佳。

STEP 02  放入衣物，視髒汙情形浸泡 10 到 20 分鐘，以溶解汙漬。

TIP 勿一次浸泡數小時，以免孳生細菌。

STEP 03  將衣物放入盆中吸飽水後，以搓揉、擠壓方式洗滌，使髒汙完全排出，以將衣物完全乾淨。

TIP 動作須和緩輕柔，以避免過度施力傷害衣物。

STEP 04  取出衣物，並擠乾水分後，將洗衣盆倒空，重新裝水。

STEP 05  重複步驟 3，以搓揉、擠壓方式洗滌，以將洗衣劑排出，直至泡沫消失、觸感不滑膩為止。

➡ 機洗

若屋內有洗衣機，可使用機洗會較為輕鬆，但仍有些注意事項，以下說明。

① 前置作業

STEP 01  將衣物口袋拉出，順勢取出雜物。

STEP 02  將襪子、衣物分開；女性內衣須放入專用洗衣球或筒形洗衣袋中，以避免變形。

STEP 03  將深色、淺色衣物分開清洗，勿一次放入清洗。

STEP 04  拉鍊須拉上，鈕扣須解開。

STEP 05  易脫線、起毛球、有鈕扣等衣物，須由外往內翻面後洗滌，也可放入洗衣袋中。

STEP 06  精緻衣物、易打結衣物須放入洗衣袋中。

TIP 勿將所有衣物放入同一個洗衣袋中洗滌，易造成洗衣機劇烈振動，須將衣物分別放入數個洗衣袋中以平均重量。

② 洗衣機使用

可根據不同材質選擇洗程，最常使用的設定為一般洗程。

STEP 01  依洗衣機內的衣物高度及骯髒程度而定，以瓶蓋測量份量後，倒入洗衣劑。

TIP 依洗衣劑說明倒入適量即可，以避免清洗不完全，導致洗劑殘留。

STEP 02  設定洗程後，啟動洗衣機。

STEP 03  洗衣機停止運轉後，將衣物從洗衣槽中取出。

STEP 04  使用完畢後，須打開蓋子以風乾機體，以避免細菌孳生、零件生鏽。

COLUMN 03 摺衣

摺衣為外宿族基本技能，須學會摺衣才能整齊的收納衣物。

➡ T 恤

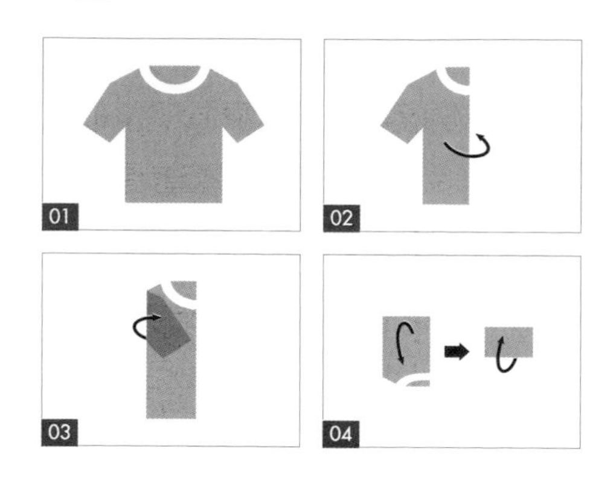

01 將 T 恤朝上平放。

02 左右對摺，將衣袖對齊疊放。

03 將衣袖向內摺。

04 由下往上收摺至適當大小。

➡ 襯衫

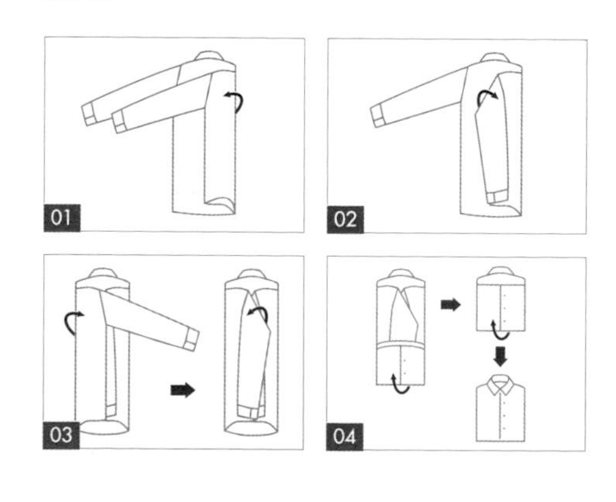

01 將襯衫以背面朝上平放後，先將右側襯衫的 1/4 處向左摺。

02 將右側衣袖向下反摺。

03 重複步驟 1-2，將左側襯衫摺好。

04 由下往上收摺至適當大小。

➡ 褲子

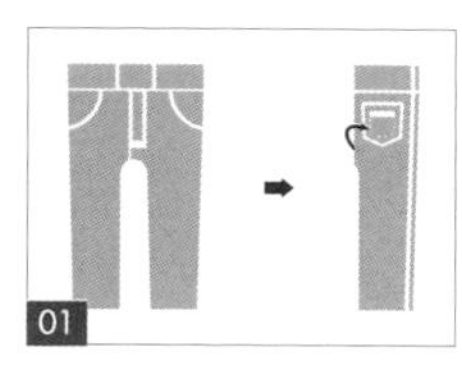

01 取褲子，攤開後左右對折。

02 由下往上收摺至適當大小。

COLUMN 04

縫補

有時衣物鈕扣會掉落、衣服邊線會脫落，外宿族可藉由簡單的縫補技巧，延續衣物的壽命。

➡ 基本技巧

① 穿線

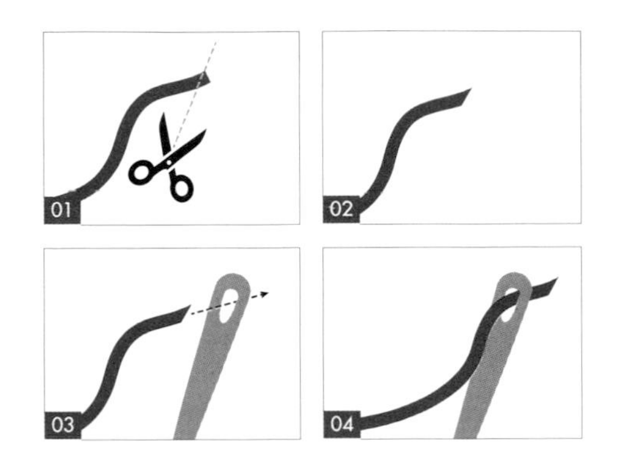

01 以剪刀斜剪線頭。

02 如圖，線頭呈尖細狀，較易穿入針孔中。

03 將線頭穿入針孔中。

04 將線完全穿入針孔後，即完成穿線。

② 打結

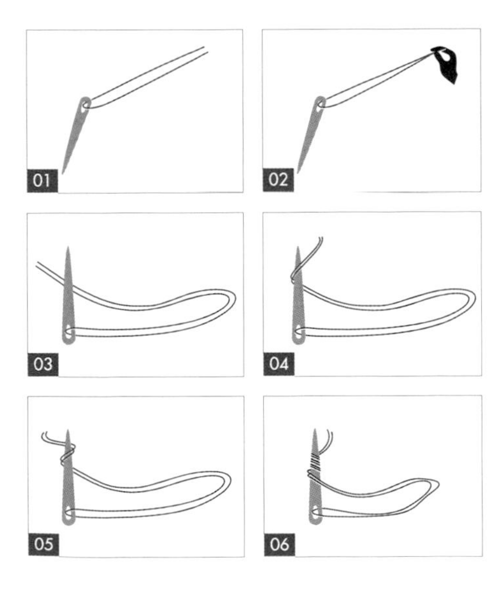

01 將線穿過針孔後，將線兩端拉至長度相等。

02 用手指拿取線尾端。

03 將針放在線上，並與線垂直。

04 將線以螺旋狀纏繞在針上。

05 承步驟 4，以順時針方向纏繞針。

06 重複步驟 4-5，順勢纏繞縫線 3 ～ 4 圈。

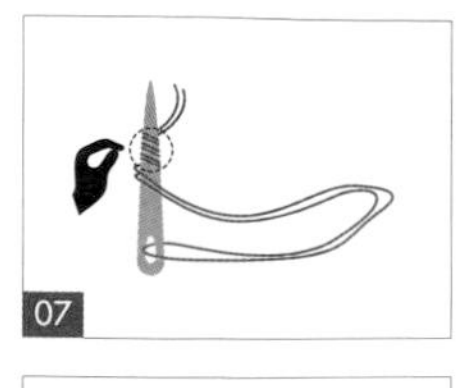

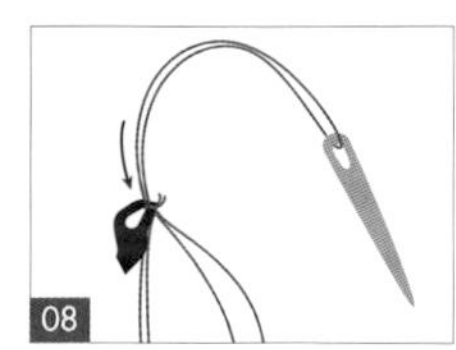

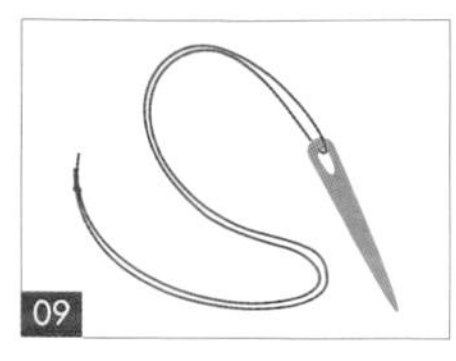

07 用食指和拇指輕壓針上的線圈。

08 承步驟 7，將線圈往針孔方向拉。

09 將縫線拉至尾端，即完成打結。

③ 止縫結

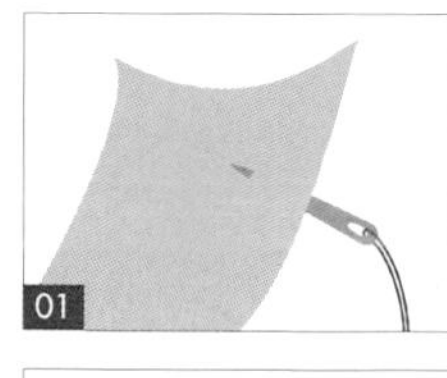

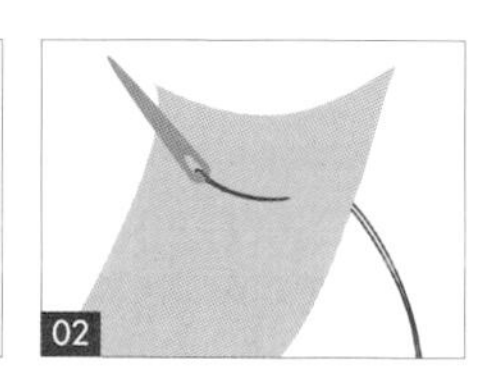

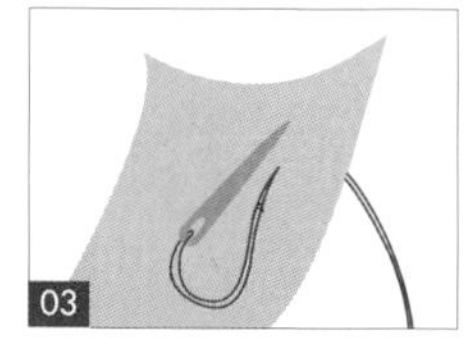

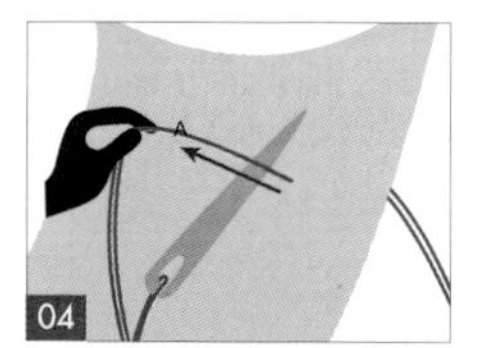

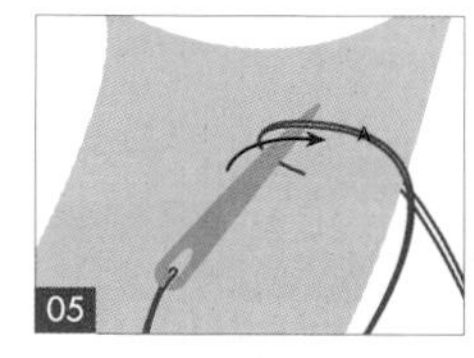

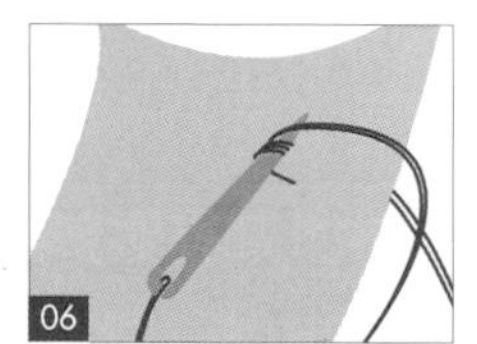

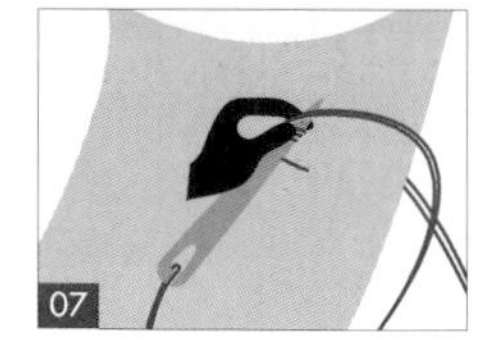

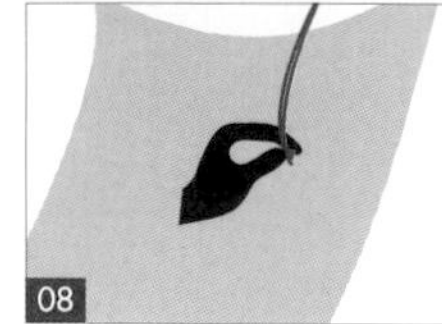

01 取針於止縫處背面入針。

02 用食指和拇指將針拉出。

03 將針放在止縫處側邊。

04 將線（A）往左拉。

05 承步驟 4，將線（A）往右纏繞。

06 重複步驟 4-5，纏繞 3 ～ 4 圈。

07 用食指和拇指輕壓線圈。

08 將線（A）抽出並拉緊，即完成止縫結。

➡縫四孔鈕扣

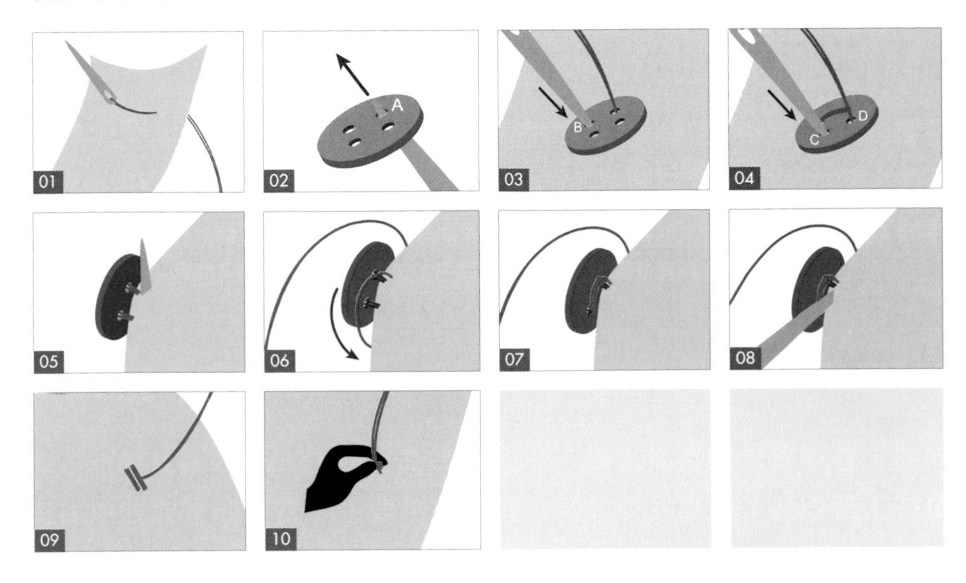

01 將針線從欲縫的鈕扣處入針。

02 取鈕扣，並將針穿入孔 A 中，並抽出。

03 將針從鈕扣正面穿入孔 B 中，並抽出。

04 重複步驟 2-3，完成孔 C、孔 D 固定。

05 從衣物內側入針。

06 承步驟 5，先將針線完全抽出後，再以逆時針方向纏繞鈕扣底部。

07 如圖，纏繞鈕扣底部完成。

08 從衣物正面入針。

09 承步驟 8，將針完全抽出。

10 在鈕扣固定處縫上止縫結，並以剪刀剪除多餘線段即可。

➡藏針縫（衣物開線、破洞適用）

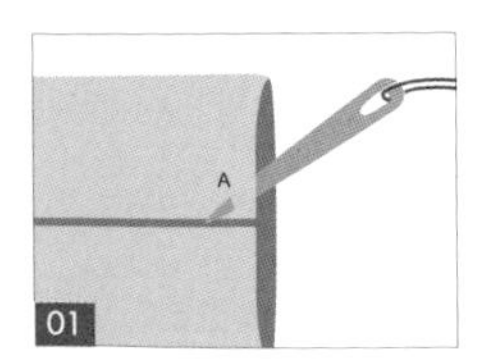

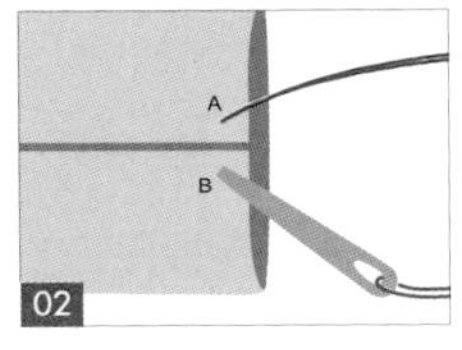

01 在上方布內側入針，為 A 點，抽出針線。

02 從下方布找到對應 A 點處入針，為 B 點。

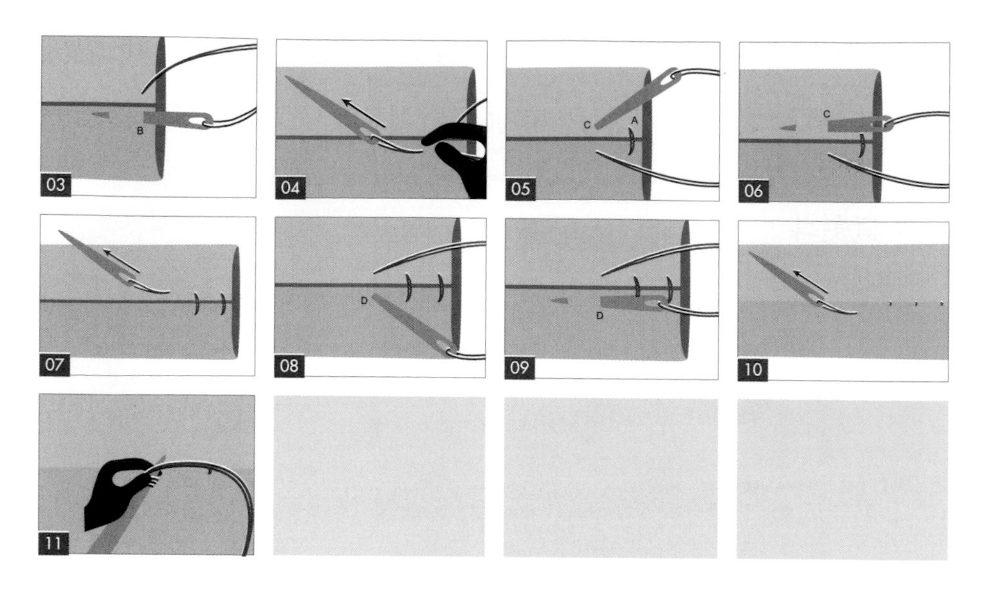

03 承步驟 2，以針挑布。

↳ 用針挑起布上的紗線。

04 用食指和拇指輕壓布間縫隙後，將針往左抽出。

05 在上方布外側，A 側左方入針，為 C 點。

06 以針挑布。

07 將針往左抽出。

08 從下方布找到對應 C 點處入針，為 D 點。

09 以針挑布。

10 將針線往左全部拉出，並拉緊。

11 縫上止縫結，並以剪刀剪除多餘線段，即完成藏針縫。

COLUMN 05 熨燙

若衣物在清洗完後產生皺摺，可使用熨斗將衣物燙平，以下說明注意事項及步驟。

➡ 熨燙原則

① 詳閱洗衣標示，以確認衣物是否可以熨燙及溫度上限，若沒有特別註明，建議溫度在 210 度以下。

② 可詳閱使用說明書並保留，以便隨時參考。

③ 先洗淨，後熨燙，以防熨燙高溫使髒汙附著在衣物上。

④ 因熨燙時耗電量較大，應避免與其他電器使用同一插座，以免跳電。

⑤ 掌握熨燙順序：先反面再正面，由局部到整體。

➡ 蒸氣熨斗

① 使用步驟

STEP 01 將水從水箱注水口慢慢倒入，若水不小心溢出，須先將熨斗擦乾後，才能進行下一步驟。

TIP 注水時不可通電。

STEP 02 插上電源並設定溫度，待溫度升高至設定值。

STEP 03 將衣物在燙衣板上鋪平後，打開蒸氣按鈕，即可熨燙。

STEP 04 熨燙完畢後，關閉電源，並倒掉水箱中的水。

STEP 05 將溫度調到最低，並靜置熨斗，待底板冷卻。

STEP 06 將冷卻的熨斗收納於乾燥處。

② 注意事項

通電時	不可離開熨斗。
使用時	若要暫時不使用熨斗，須拔掉插頭，將電源、溫度、蒸氣關閉，並將熨斗直立放置。
使用後	拔掉插頭。
	將溫度、蒸氣關閉，以免高溫造成失火、燙傷。
	電熨斗水箱中不可有水，以免熨斗底板、零件鏽蝕。

COLUMN 06 收納

可依照季節、顏色、部位進行區分及整理，以加速尋找衣物的速度，也可更有效的運用衣櫃空間。

➡分類法

① 分季

換季時，可先將上一季衣服收至壓縮袋、收納箱中，以節省衣櫃空間。

② 分吊掛、摺疊

可依照衣物下襬長度、衣料質地、穿著場合，分成吊掛和摺疊兩類。

◆吊掛類

A. 冬季大衣、長裙等，依下擺長度依序排列吊掛。
B. 正式服裝，例如：西裝、襯衫、禮服等以吊掛收納，較不易產生摺痕。
C. 冬季大衣、皮衣適合使用寬版衣架，以避免變形。
D. 絲質衣物可以衣架吊掛，不建議摺疊收納，以免衣料磨損。

◆摺疊類

短褲、內搭等，以輕盈的衣物在上，厚重的衣物在下為原則收納。

③分顏色

可依照衣服顏色分類，在選擇配搭的衣服款式、色系時，就會更快速，此分類法優點如下：

- ◆可從中瞭解自己的愛好和適合的顏色。
- ◆避免買到顏色難搭的衣服。
- ◆避免購買過多同色衣物。
- ◆減少穿搭時選色、配色、翻找衣物的時間。

④ 分使用部位

若使用多層衣櫃收納衣物，可依照人體分布為原則，從上到下分為帽子、圍巾、內衣、上衣、下著、襪子等，便於記憶衣物位置。

➡ 收納技巧與工具

選擇透明款式的收納工具，可清楚看見衣物的位置。

① **吊掛收納**：吊掛是最簡單快速的收納方式，只須準備好衣架，將衣物吊掛收納，就可免去摺衣的麻煩。

② **摺疊收納**：可視選用衣櫃採用不同收納技巧，建議以直立式收納輕薄衣物、傳統式收納厚重衣物、分隔式則適用於內衣、襪子的收納。

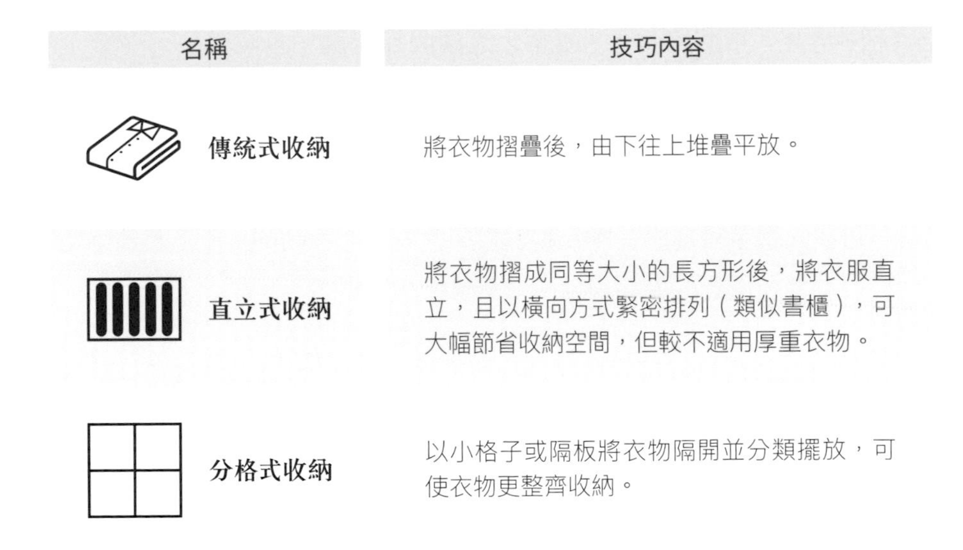

名稱	技巧內容
傳統式收納	將衣物摺疊後，由下往上堆疊平放。
直立式收納	將衣物摺成同等大小的長方形後，將衣服直立，且以橫向方式緊密排列（類似書櫃），可大幅節省收納空間，但較不適用厚重衣物。
分格式收納	以小格子或隔板將衣物隔開並分類擺放，可使衣物更整齊收納。

SECTION 002
環境篇

房間環境的整潔度除了會影響人心情的好壞，也能在歸納及尋找物品時更容易，及能更好的控管家中的物品。

COLUMN 01 前置作業

在打掃環境前，可先換上打掃的裝備，如：穿上舊衣、綁頭髮等，以及提前規劃動線，可分區塊、分階段打掃，讓自己在打掃過程中更順暢。

➡ 換舊衣

可換上寬鬆的舊衣打掃，除了在行動上不會有阻礙外，在沾到灰塵等髒汙時，較不會心痛。

➡ 綁頭髮

掃地時，通常往下低頭清掃灰塵，所以建議長頭髮的人，可先將頭髮綁成一束，較不會遮蔽視線；若是在清潔浴室時，可戴上浴帽，以避免髮絲碰到掃具或清潔區域。

➡ 戴口罩

掃地時，可戴上口罩，以避免直接吸入灰塵；在清掃浴室時戴上口罩，則可隔絕異味。

➡ 規劃動線

可事先查看待掃除區域，並規劃掃地、拖地等動線，以及將雜物暫時移位，可使外宿族在清潔的過程中更為順暢、快速。

➡ 預先通知

若有同居室友，建議事先通知清潔區域、時間等，以免室友因地板濕滑、臨時無法使用浴室等情況而造成困擾。

COLUMN 02 掃地

定期掃地可減少灰塵、髮絲等細小的髒汙，但掃地還是有些方法，以下說明。

➡ 掃地須知

口訣	技巧內容
由上而下	打掃時，應先掃上層，再掃下層，因灰塵會向下飄落。如：掃樓梯時，應由高樓層掃至低樓層，以避免高樓層灰塵再次掉落，又須重新打掃。
先擦後掃	若要擦拭桌子等家具，須先擦拭後再掃地，以免有灰塵飄落地板，又須重新打掃。
由外到內	可從牆壁、邊緣開始掃，並將垃圾向中央集中成一堆。
避免用餐	勿於用餐時間打掃，以免灰塵飄起，汙染食物；若有打掃區域內有食物，也須收起。
記得洗手	若掃地後不繼續打掃，須充分洗手後擦乾，維持整潔。

COLUMN 03 拖地

須在掃地後拖地，以免地上原有的髒汙，使地板越拖越髒。

➡ 拖地須知

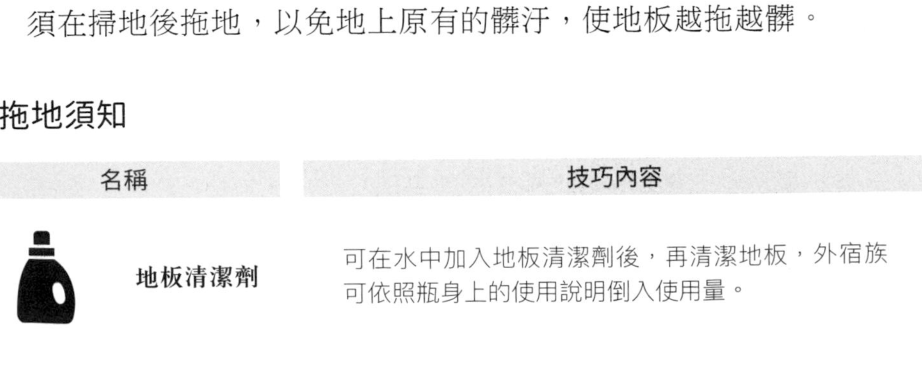

名稱	技巧內容
地板清潔劑	可在水中加入地板清潔劑後，再清潔地板，外宿族可依照瓶身上的使用說明倒入使用量。

清潔鞋底

若習慣赤腳，可先洗淨腳底板；若習慣穿拖鞋，則可換穿鞋底較乾淨的拖鞋，或洗淨拖鞋底，以避免將地板踩髒，又須重新拖過。

防滑措施

拖地後，會使地面濕滑，所以在行走時要額外小心，以免跌倒；若有室友，也可一併提醒，以防室友不小心跌倒受傷。

處理髮絲

若拖地時發現地上留有髮絲、灰塵，可先集中拖至一處，待地板乾後以掃把清除。

加速風乾

拖地後，可開窗並開電風扇吹地面，以加快地板乾的速度。

記得洗手

若拖地後不繼續打掃，須充分洗手後擦乾，以維持整潔。

洗碗

在洗碗前，可先將器皿表面的油汙以溫熱水沖掉；若是較難清潔的髒汙，可在浸泡後清潔，就能輕鬆洗淨。

➜工具介紹

建議定期更換菜瓜布，以免細菌或霉菌孳生。若表面出現變色、磨損等情形，須立即更換。

名稱	用途、特色
天然菜瓜布	適用於各種材質，替換率較高，容易發霉。

海綿菜瓜布	黃色海綿	質地柔軟，可刷洗玻璃、陶瓷等餐具。
	綠色菜瓜布	質地粗糙，可能刮傷脆弱碗盤。
鋼刷		可刷起鍋底、鐵盤、烤肉架的汙垢，但不可用於碗盤清潔，以免留下刮痕。

➡ 洗碗須知

① 小心輕放

請小心拿取碗盤餐具，以免失手滑落；在將餐具放下時，動作須輕柔，以免摔破碗盤。

② 注意刀叉

請勿將刀具放入水槽，以及在拿取叉子時須小心尖端，以免劃傷。

③ 浸泡軟化

餐具、廚具上較難去除的髒汙，可先浸泡軟化，以便清洗。（註：勿浸泡過長時間，以免孳生細菌。）

④ 盡快洗滌

餐具擺放越久越容易孳生細菌，且較難清洗，所以請在使用後立即清洗並晾乾。

⑤ 稀釋洗碗精

可預先稀釋洗碗精，除了能控制用量外，也避免使用過多而使洗碗精殘留在器皿上。

⑥ 擦拭油汙

清洗較油碗盤時，可先以廚房紙巾擦去表面油漬，以減少洗碗精使用量。

⑦ **洗後晾乾**

餐具洗淨後，須先晾乾再收起，以避免黴菌汙染。

COLUMN 05 擦玻璃

通常清潔玻璃的時間較不固定，容易累積較厚的髒汙，所以可使用老舊、便宜的抹布擦拭，在擦拭完後，就可直接丟棄。

COLUMN 06 刷馬桶

若馬桶長期沒刷易累積尿漬等髒汙，甚至會產生異物，所以除了須定期清理外，在上完廁所且沖水後，可先查看馬桶內壁，若有髒汙應立即以馬桶刷刷除，以避免造成日後清理上的困擾。

➡ 工具介紹

① **橡膠手套**：可保護雙手，避免直接接觸清潔劑。

② **清潔劑**：浴廁清潔劑、馬桶清潔劑皆可。

③ **馬桶刷**：用以刷除馬桶汙垢，建議每半年更換一次。

COLUMN 07 垃圾分類

主要分為一般垃圾、回收、廚餘三種，外宿族可依照居住地的收垃圾模式，依垃圾車時間倒垃圾，或是倒至大樓的垃圾集中管理處，以下介紹常見垃圾類型。

➡ 垃圾類型

類型	細項	注意事項	例子
一般垃圾		無	衛生紙、茶包、免洗筷、菸蒂、塑膠吸管、電腦磁片、電腦零件、滑鼠、讀卡機、滑鼠墊等。
回收垃圾	塑膠	回收塑膠袋前須去除內容物，可將塑膠袋鋪平、打結方式收集成一袋後回收。	* 具回收標誌的塑膠容器。 * 塑膠資料夾、蛋盒、廢塑膠袋、便當盒等。
	紙類	回收前請去除膠帶、訂書針等非紙類物品後，攤平並集中打包回收。	各式紙張、紙箱等。
	紙容器	* 鋁箔包或紙盒須去除吸管和內容物後，再清洗、壓扁。 * 紙餐具須將剩菜倒入廚餘桶後，洗淨回收。	鋁箔包、紙盒、紙杯、紙碗、紙餐盒等。
	玻璃	玻璃瓶回收前須去除瓶蓋，倒空、沖洗後再回收。	酒瓶、玻璃杯、玻璃碗等。
	金屬	鐵鋁罐回收前須倒空、沖洗後再回收。	一般鐵鋁罐、鐵盒、鐵杯、雨傘骨架、等。
	保麗龍	須去除膠帶後回收。	冰品盒、蛋糕盒。
	廢食用油	可用瓶子盛裝並加註食用油後交給資源回收車回收。	食用油。
	手機、充電器	回收手機前請取出電池、記憶卡與 SIM 卡。	手機。
	廢電池	可送至超商等場所回收，破裂、變形、漏液等不良電池，為避免環境汙染仍應回收。	鹼性電池、鋰電池、鎳氫電池、鎳鎘電池、水銀電池、手機電池、鈕扣型電池、行動電源、充電電池等。
	舊衣服	清洗後以乾燥狀態回收，可投入舊衣回收箱。	上衣、褲子、裙子、洋裝、外套、毛巾、布料。
（熟）廚餘		蟹蝦殼、果殼、果皮、茶葉渣、咖啡渣、中藥渣、腐敗食材等為生廚餘，通常丟入一般垃圾。	熟廚餘為剩菜剩飯、麵食、魚、蝦、內臟、蔬菜、水果、果醬、罐頭食品、冷凍食品及過期但尚未腐敗之食材、調味料等，可以餵食豬隻食用。

➡ 垃圾分類 Q&A

① 哪些塑膠袋可以回收？

乾淨塑膠袋可以回收；含有複合材質，如：洋芋片袋、冷凍食品外包裝、咖啡包裝、茶包裝不可回收，以及骯髒塑膠袋，如：沾湯汁、油漬則不可回收。

② 發票可以回收嗎？

一般發票為紙類，可回收；電子發票有防水塗層，不可回收。

③ 紙類和紙容器類有什麼不同？

紙杯、便當盒通常含有 PE 塑膠薄膜或經過浸蠟，應投入「紙容器類回收，而非「紙類回收」。丟棄前，須先沖洗乾淨。另須注意，紙杯封膜屬塑膠類、塑膠吸管屬一般垃圾、盒內殘餘食物須丟廚餘。

④ 藥物如何回收？

藥物分為一般垃圾及須帶往醫院、藥局回收兩種；丟棄藥物時，勿倒入洗手檯或馬桶，以避免造成環境汙染。

須至醫院、藥局回收藥物有：抗生素、荷爾蒙、抗癌與免疫抑制劑、管制藥品（例如鎮靜劑、安眠藥）等。

藥物丟棄步驟如下：

STEP 01  將剩餘藥水倒入夾鍊袋中後，在藥水罐內倒入水並搖晃瓶身，以清洗藥罐，最後將液體倒入夾鍊袋中。

STEP 02  將剩餘藥丸從包裝中取出，放入夾鍊袋中，密封後，丟進一般垃圾桶。

STEP 03  將藥袋、藥水罐丟入資源回收的塑膠類中，即完成藥物丟棄。

SECTION 003

簡易修繕

外宿族難免碰到馬桶堵塞、水管卡住、燈泡不亮等狀況，所以學會簡易的修繕，也是在外居住必備的技能。

COLUMN 01 通馬桶（若以下方法皆不可行，請尋找專業師傅處理。）

➡方法 1：大量沖水

先準備一大盆水，再趁按壓馬桶沖水鍵時倒入馬桶中，以水壓將堵塞物沖走。

➡方法 2：馬桶吸盤

若馬桶內水已滿出，可使用吸盤往馬桶內部壓至最底（此時手必須保持垂直）後，垂直向上拔，並重複動作，直至馬桶通暢。

➡方法 3：馬桶疏通劑

馬桶堵塞時，可購買疏通劑，並參考外包裝說明使用。

COLUMN 02 通水管（若以下方法皆不可行，請尋找專業師傅處理。）

➡方法 1：檸檬酸、小蘇打粉

將檸檬酸、小蘇打粉擇一倒入水管並靜置數小時後，再沖入大量溫熱水帶走髒汙。

➡方法 2：水管疏通劑

水管堵塞時，可購買疏通劑，並參考外包裝說明使用。

COLUMN 03 換燈泡

➡注意事項

在換燈泡前，須關燈並待燈泡降溫後，再戴上手套更換，以免被燙傷，而若擔心買錯燈泡規格，可拍照或攜帶舊燈泡到現場核對後購買。

➡方法

將燈泡以逆時針方向旋轉，即可取下，並進行更換。

COMMON SENSE 07

獨自租屋必備常識

一個人在外租屋，雖然生活自由度提高，也可以累積自我管理、獨立自主的能力，但是關於個人安全與醫療的基本常識，以及因應突發狀況所須的緊急避難包，都是必備的知識及技能。

SECTION 001 安全意識

一個人住有許多注意事項需要留意，以下分點說明：

COLUMN 01 更換門鎖或加裝防盜設備

一般出租的物件都會有好幾任房客，所以建議入住後先更換門鎖。若是房東不同意換鎖，可在房門上自行加裝防盜鎖、條等設備，以加強住處的安全性。

COLUMN 02 降低小偷闖入機會

監視器、警報器及感應燈，是防止小偷進入最好的物品。由於小偷害怕曝光、聲音、照明設備，所以備齊這三樣物品，就可以降低小偷闖空門的機會。（註：若經濟允許，可準備兩支監視器，照射角度須互補，若其中一個被破壞，還保有另一支的監視畫面。）

COLUMN 03 獨居注意事項

① 獨居的安全小撇步

不管是男性或女性，都建議在門口擺放非一人份的鞋，或是晾一些其他衣物，以顯示非單獨居住，提高居住安全。

② 養成上鎖習慣

出門前須先確認門、窗皆上鎖後再離開，以免歹徒趁機潛入。

③ 備好鑰匙再進門

夜歸時，須對周遭環境有所警覺，除了建議不要分心講電話、聽音樂外，將鑰匙提前拿在手上，快速開門、關門，以防歹徒尾隨進入屋內。

④ 使用較安全的延長線

延長線若負載量太龐大，容易引發電線走火，導致火災，所以可挑選自動斷電、或是獨立開關的延長線款式外，也避免在一條延長線上，同時使用太多電器，以免發生危險。

SECTION 002 簡易急救

獨自租屋，若出現輕微身體不適，或是不小心受傷的情況，日常準備的醫藥箱就可以派上用場，而醫藥箱最基本的內容物應該要有哪些？以下列出。（註：可依照個人喜好和需求，選擇品牌，或添購其他物品。）

COLUMN 01 醫藥箱

➡ 必備物品

碘酒

紗布

OK繃

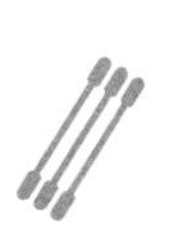
棉花棒

生理食鹽水

冰敷袋

體溫計、耳溫計

➡ 其他可準備物品

① 感冒藥　③ 止痛藥　⑤ 外用藥、外用藥膏

② 消炎藥　④ 腸胃藥

➡ 醫藥箱保存要點

① 須注意每樣物品的保存期限，並定期更換。

② 須放置陰涼處。

SECTION 003 突發狀況的應變措施

平時準備好緊急避難包，當地震等天災發生時，可以快速逃離家中並尋求他人協助。尤其一個人居住，須具備一定的危機意識，才能更冷靜的面對危急時刻。

COLUMN 01 緊急避難包

緊急避難包須放在隨手可拿到的地方，以及須定期檢查有效期限，並進行更換，以下列出常備物品。

勾選	項目
	手電筒
	電池
	收音機
	充電線與充電器
	保暖衣物
	一、兩套換洗衣物
	盥洗用具
	輕便雨衣

勾選	項目
	暖暖包
	瑞士刀
	哨子
	乾糧（餅乾、泡麵、巧克力、易開罐罐頭等）
	礦泉水
	醫藥包（酒精棉片、OK 繃、棉花棒等）

勾選	項目
	濕紙巾
	面紙
	身分證影本
	健保卡影本
	存摺影本和印章
	備份鑰匙
	現金

NEIGHBOR
08

好鄰居 VS. 惡鄰居

搬到新租處，總會遇到鄰居，而如何與他們和平共處，或是遇到惡鄰居時該如何應對，這都是外宿族要學習的課題。

SECTION 001 與鄰居相處融洽的方法

打招呼

與鄰居碰到面時，主動打招呼、問候，當一個有禮的人，往往能讓別人留下良好的印象。

提供協助

若鄰居需要幫忙，在自己能力所及的範圍內，可以主動提供協助，當你下次需要幫忙時，才可獲得他人的協助。

禮尚往來

若鄰居帶了紀念品、小禮物跟你分享，下次有機會也可以分享美食做為回報，以維持長期的良好關係。

勿問隱私

千萬不要打聽，或詢問他人的隱私，以免讓別人感到不舒服，甚至越過和平共處的界線。

互相體諒

在日常生活中，會影響他人的習慣與行為須盡量避免。例如：若是房間隔音效果不好，音樂聲就不要開太大聲；若是使用公共區域的洗衣機，避免在半夜洗衣服等。

SECTION 002

遇到惡鄰居的處理方法

惡鄰居可分為「當場逮捕」的現行犯與「不可逮捕」兩種類型。根據法條，可當場逮捕的現行犯須滿足以下任一條件，才可以進行現場逮捕。

① 在犯罪當下被看到，或是犯罪結束後立刻被發現。

② 雖然沒有親眼看到，但是有人被追喊為犯罪人（小偷）。

③ 持有凶器、贓物或其他物件，或在身體、衣服等處有犯罪痕跡，為可疑犯罪者。

若惡鄰居符合上述的三點內容，警察可以當場把犯人抓起來、移交檢察官處理，或是自己也可以協助逮捕，不過，一般人沒有偵查權限，所以在逮捕現行犯後，要立即將犯人交給警察或檢察官處理。

若以上三種條件都不符合，可再用「惡鄰條款」強制遷離。內政部營建署〈公寓大廈管理條例〉第 22 則條款，私下又被稱作「惡鄰條款」，專門處理社區的惡鄰居。（註：公寓型須直接請警察或是房東協助處理。）

> 第二十二條
>
> 住戶有下列情形之一者，由管理負責人或管理委員會促請其改善，於三個月內仍未改善者，管理負責人或管理委員會得依區分所有權人會議之決議，訴請法院強制其遷離：
>
> 一、積欠依本條例規定應分擔之費用，經強制執行後再度積欠金額達其區分所有權總價百分之一者。

二、違反本條例規定經依第四十九條第一項第一款至第四款規定處以罰鍰後，仍不改善或續犯者。

三、其他違反法令或規約情節重大者。

前項之住戶如為區分所有權人時，管理負責人或管理委員會得依區分所有權人會議之決議，訴請法院命區分所有權人出讓其區分所有權及其基地所有權應有部分；於判決確定後三個月內不自行出讓並完成移轉登記手續者，管理負責人或管理委員會得聲請法院拍賣之。

前項拍賣所得，除其他法律另有規定外，於積欠本條例應分擔之費用，其受償順序與第一順位抵押權同。

上面的表格，為內政部營建署〈公寓大廈管理條例〉第22條的內容，可以看到針對惡鄰居，會先提醒須在3個月內改善，若是行為依舊，可訴請法院強制遷離；若是不搬，更可以和法院聲請拍賣房屋，強制確保住戶安全。（註：若有積欠管理費等費用的情形，同樣可以將房屋拍賣。）

評估所須交通工具
Transportation Needs Assessment

大眾運輸介紹與評比
Introduction to Public Transport

機車族須知
Notes for Locomotives

CHAPTER 4

交通整理

TRAFFIC INFORMATION COLLATION

TRANSPORTATION 01

評估所須交通工具

選擇交通工具時，外宿族須考量外宿地點到公司之間的距離，所以可依據個人設定的交通費預算、上下班時間等不同條件，來評估可接受交通費區間和通勤時間。

而通勤時間與費用通常成反比，若是希望交通費用低，就要花較多時間；若是希望通勤時間短，交通費用就會提高，如下表。

	快	**慢**
費用	高	低
交通工具	飛機、高鐵等	步行、腳踏車等

以下將常用交通工具依照速度（或費用）進行排列。

（註：公車和捷運哪種工具較快抵達，和路線、目的地有關；汽車和火車哪種工具較快抵達，視車種而定，相異的是火車有靠站時間、汽車沒有。）

SECTION 001 選擇交通工具四步驟

STEP 01 檢視現有交通工具

一般外宿族常用的交通工具（或方式）包含步行、騎腳踏車、騎機車，三種方式都可抄捷徑或小路以避開車潮，但若經過人煙稀少路段或平時會晚歸的外宿族，則須注意自身的安全。

STEP 02

檢視附近的大眾運輸

若現有交通方式不適合通勤，可查詢租賃處到公司附近的大眾運輸工具，例如：公車、捷運、共享單車、共享機車等，再挑出費用、時間可接受的選項。

STEP 03

查看通勤時間、距離

以 Google 地圖作為查詢工具，先將外宿地點設為起點（A）、公司地址設為目的地（B）後，逐項查看每項交通方式所須的通勤時間和距離，並刪去不適合的選項。

❶ 查看 Google 地圖顯示 A 點到 B 點間的距離。

❷ 分別點開交通圖示，會顯示步行、公車、捷運、單車等前往方式。

❸ 查看系統推薦的路徑，可依據搭乘及轉乘的便利性，以及須花費的時間決定通勤方式（若選擇公車或捷運，須考量前往公車或捷運站、候車及從站點走到公司的時間）。

❹ 查看須花費的金額，並依據工作天數計算每月所須支付的交通費用（使用機車須考量停車費及燃料費）。

❺ 先列出可接受的通勤方法後，刪除超出預算和時間的方式，並找時間實際搭乘並測試時間。

測試實際通勤時間、路況

在上班、上學日測量列出的通勤方式，實際的搭乘時間、搭乘情形等，以確定符合未來在通勤時的需求。

其他須知

在選擇交通工具時，還有一些細節可供外宿族參考，並列入考量的基準，以下列出。

- ⇒ 須注意大眾運輸的營運時間，以免因太早或太晚前往，而搭不到車。
- ⇒ 搭乘時間以捷運較為穩定，但上班時間會較為擁擠。
- ⇒ 公車、單車則會受到氣候狀況、車流量、紅綠燈等因素影響。
- ⇒ 若以步行、單車等較消耗體力的方式通勤，除了須評估自身身體狀況外，也須替自己準備若遇到身體不適、天候不佳等突發狀況時的通勤備案。

SECTION 002

跨區通勤的交通工具評比

跨區通勤搭捷運還是公車？跨縣市通勤，搭客運、火車還是高鐵比較適合？外宿族可參考下列表格，釐清各種交通工具的特性後，選擇最適合自己的通勤方式。

COLUMN 01 短程（同縣市）：捷運 v.s 公車

以短程通勤來說，除了須注意轉車、候車的時間外，從租屋處到公車站或捷運站的時間也須列入考量，以免錯估時間。

工具	捷運	公車
價錢	較高。	較低。
安全性	較高（專用軌）。	較低（一般路面）。
密集度	站點密集度較低。	站點密集度較高。
速度	穩定。	受氣候、紅綠燈、車流量影響。
適合	目的地遠。	目的地近。
飲食	不可。	不可。

COLUMN 02 長程（跨縣市）：客運 v.s 火車 v.s 高鐵

以長程通勤來說，花費的時間、金錢成本會更高，所以外宿族須視個人收入、工作時間等不同變數選擇通勤的方式，若通勤成本過高，可評估是否須更換租屋處，或選擇其他大眾運輸工具。

	客運（視距離與車種）	火車（視距離與車種）	高鐵
價錢	低。	中。	高（早鳥票有折扣）。
速度	中（若遇塞車可能延誤）。	中（無塞車，但有誤點問題）。	高（無塞車問題）。
便利性	高。	高。	低（通常較偏僻，遠離其他大眾運輸）。
安全性	較低（一般路面）。	較高（專用軌道）。	較高（專用軌道）。
飲食	可。	可。	可。
附註	* 可能暈車。 * 無站位擁擠問題。 * 部分客運若延誤搭乘當日內可以補位。	* 有站位擁擠問題。 * 除普悠瑪列車外，大部分火車可使用電子票證搭乘。	自由座有站位擁擠問題。

TRANSPORTATION

02

大眾運輸介紹與評比

SECTION 001 短程（同縣市）

COLUMN 01 捷運

營運時間	約早上六點到凌晨十二點半，首末班車視各站實際安排。
優點	快速、便利性高、環境乾淨、沒有空氣汙染、大部分的站點班次多、且自行車可隨車同行（有些站點未開放），加上捷運地下化，所以行駛條件基本不受天氣影響（室外路線除外）。
缺點	價格較貴、行駛噪音較大、地域性限制。
其他須知	車內禁止飲食。

COLUMN 02 公車

營運時間	依據不同地區、車次，營運時間會有所調整。
優點	價格便宜、便利性高、站點密集度高，且一個站點有多種路線可選擇，變化性較多樣。
缺點	下雨天、車潮多、發生事故時易塞車，難估算延誤時間，且容易拖班、延遲發車時間。
其他須知	車內禁止飲食。

SECTION 002
長程（跨縣市）

COLUMN 01 客運

營運時間	視各客運營運時間。
優點	價格中等且比火車便宜、深夜時段也有營運、有 USB 充電孔和小電視、車廂無擁擠問題、有較大空間放置行李。
缺點	須考量交通狀況（連假容易塞車），與如何抵達客運站的方法（若沒有自己的交通工具），且客運站數不多，較不便利。
其他須知	須事先查詢班次、預留多一點交通時間，以避免發生突發狀況，或遇到塞車等車況問題。

COLUMN 02 高鐵

營運時間	約早上六點到晚上十二點。
優點	時速 300 公里，車次多且準時、有推車販售。
缺點	價格最貴、站點少、站點大部分地處偏遠。
其他須知	可使用電子票證直接刷卡進站搭乘，但只可進入自由座車廂。

COLUMN 03 火車（台鐵）

營運時間	約早上五點到晚上十二點。
優點	價格中等、車次多、站點密集度高，大多在市區的繁華地段，適合城市與城市的中短程運輸、有推車販售。

缺點　易因為旅客上下車速度、天氣或是事故而產生誤點、車廂內易擁擠。

其他須知　可使用電子票證刷卡進站，除了區間車須視車廂內有無座位外，其他車種皆為站票。

➡ 車種介紹

車種	普悠瑪號、太魯閣號、自強號	莒光號、復興號	區間車、區間快車
票價	貴。	便宜（復興號＜莒光號）。	最便宜。
速度	快（自強號＜太魯閣號＜普悠瑪號）。	中。	最慢。
入座	對號入座（普悠瑪、太魯閣無站票，自強號有站票）。	對號入座，有站票。	自由入座。
停靠站	少。	中。	多（區間快車＜區間車）。

SECTION 003 共享經濟

共享經濟通常會搭配網路、APP 作為工具和平台，讓使用者採用計次付費的模式，以低廉的價格享受資源，如 Youbike、iRent 都屬於共享經濟的一環。

COLUMN 01 共享單車

共享單車為公共自行車租賃系統，借車時可使用電子票證、信用卡，費率隨使用時間長短而有不同；還車時，可於任何一個站點歸還。目前已有 Youbike（雙北、桃園、新竹、苗栗、彰化）、iBike（台中）、T-Bike（台南）、Pbike（屏東）、KBike（金門）等共享單車。

需求	電子票證。
時間	24 小時營運。
優點	價錢便宜、深夜也可借還、便利性高、站點密集度高。
缺點	危險度較高、須耗費體力、有可能損壞、無法預期單車量及站點還車位狀況。
其他須知	暫時停放時，可使用隨車鎖將腳踏車鎖上，以避免遭竊。

COLUMN 02 共享機車

共享機車通常使用輕型電動機車，沒有固定站點，在營運範圍內可使用 APP 借還。還車時，只要停到合法停車格內，用 APP 歸還即可。目前較常見的有 iRent（台北市、新北市、桃園市、台中市、台南市、高雄市）、WeMo（台北市、新北市、高雄市 ）、GoShare（台北市、新北市、桃園市、雲林縣、台南市），價格通常以時間而非里程計，視各品牌收費規則。

註冊需求	手機 APP、身分證、機車或汽車駕照、信用卡。
時間	24 小時營運。
優點	噪音較一般機車小、手機 APP 即可租用、無站點方便還車、深夜也可借還、便利性高、省錢（買機車、保養、加油、停車）、速限只有 60（按加速檔可到 70）。
缺點	安全帽有衛生問題、有可能騎到一半沒電、不能確保機車量狀況、不適合雙載或爬坡（因馬力不足）、若手機不小心遺失或沒電則無法還車。
其他須知	停車歸還時，不可停在私人收費停車場或公司地下停車場。

TRANSPORTATION 03

機車族須知

機車的價格便宜、體型較小，可穿梭於巷弄之間，在停車、找車位的便利性上遠勝於汽車，若選擇機車作為通勤工具，則須注意停車費用、稅金及油價，以下分別說明。

SECTION 001 停車費用

在停車時，須注意各區收費標準不同，以避免不小心多出一筆開銷。建議查看外宿地點、公司附近的停車區域後，將停車區域的位置、抵達路線進行記錄，以避免找不到地方停車的窘境。也可將停車區域到外宿地點或公司的距離、停車格數及各種收費標準都記錄下來後，從中選擇最適合的停車地點。另外，依據各政府法規的不同，部分騎樓、人行道禁止停車。

SECTION 002 稅金

機車稅金包含牌照稅及燃料稅，牌照稅繳納時間為每年四月；燃料稅為每年七月，而排氣量 150c.c. 以下的機車免繳牌照稅，所以大多數通勤族都會選購 125c.c. 的機車作為通勤使用。

COLUMN 01 牌照稅

① **徵收金額**：排氣量 150c.c. 以下的機車免繳牌照稅；151 ～ 250 c.c. 的機車一年須繳 800 元。

② **徵收時間**：四月。

③ **可減免牌照稅**：若車輛有停駛、報廢、遺失、損壞的情形，申請後可減免牌照稅。

④ **繳納方式**：財政部網路繳稅服務網、金融機構臨櫃辦理、行動支付、超商繳納（2 萬元以下）、約定帳戶納稅、ATM 轉帳。

⑤ 若逾期未繳將加徵滯納金，若逾期 30 天，會被處以罰鍰且依法移送強制執行。

COLUMN 02 燃料稅

① **徵收時間**：七月。

② **徵收金額**：排氣量 50c.c. 以下的機車一年須繳 300 元；51 ～ 125 c.c. 的機車一年須繳 450 元；126 ～ 250 c.c. 的機車一年須繳 600 元。

③ **繳納方式**：監理服務 APP、臨櫃繳納（超商、郵局、金融機構、監理所）、電話語音轉帳、ATM 轉帳。

④ 若逾期未繳，須額外繳交罰鍰；若逾期不繳納罰鍰，會被依法移送強制執行。

SECTION 003 油價

油價每日都會變動，而機車燃料費主要依騎乘里數而定，若是新購買的機車，加一公升的油（95 無鉛汽油），大約可跑 30 到 40 公里。

➡ 減省油錢

可選擇省油的機車款式、趁油價下滑時加滿油、養成紅燈熄火的習慣、避免爬坡、定期檢查保養、減少負重等。

健康飲食下的熱量控制

Calorie Control for a Healthy Diet

六大類食物簡介

Introduction to the Six Categories of Food

食材

Ingredients

廚具介紹

Kitchenware Introduction

CHAPTER

5

健康、飲食整理

HEALTH & DIET

DIET
01

健康飲食下的熱量控制

外宿族若長時間外食，容易營養不均衡，或是過度肥胖，所以須建立正確的飲食觀念，才能吃得健康，不會造成身體負擔。

SECTION 001 每日所須熱量

可依據每日活動量再乘以體重，並對應到 BMI 值的計算，就可以知道身體每日所須熱量。

BMI 計算 每日活動量	體重過重 所需熱量	體重適中 所需熱量	體重過輕 所需熱量
輕度	20 ～ 25 大卡 × 體重	30 大卡 × 體重	35 大卡 × 體重
中度	30 大卡 × 體重	35 大卡 × 體重	40 大卡 × 體重
重度	35 大卡 × 體重	40 大卡 × 體重	45 大卡 × 體重

COLUMN 01 每日活動量

每日活動量是指日常行動的模式為靜態或動態，以下分別說明。

活動量	說明	職業
輕度	較為靜態，時常坐在椅子上。	辦公室的上班族、教室聽課的學生。
中度	需要站立較長時間，活動量較大。	看護、按摩師。
重度	需要使用全身肌肉的體力勞動。	農夫、建築工人。

COLUMN 02 BMI 值計算

可藉由計算 BMI 值，得知的體重是過重、適中或是過輕，世界衛生組織建議以身體質量指數（Body Mass Index，BMI）的數值來衡量肥胖的程度，以下為計算方式。

$$\text{BMI} = \frac{\text{體重（公斤）}}{\text{身高（公尺）} \times \text{身高（公尺）}}$$

計算出來數值，可參考下圖的分類標準，但須注意僅適用於 18 歲以上的成人。

身體質量指數 (BMI) (kg／ m2)	
體重過輕	BMI ＜ 18.5
體重適中	18.5 ≦ BMI ＜ 24
體重過重	BMI ≧ 24

舉例

小橘身高 170 公分，體重 85 公斤。
先將公分換算成公尺，170 公分 =1.7 公尺。

$$\frac{85}{1.7 \times 1.7} = 29.4$$

對照 BMI 表格，得知體重屬於「過重」。

DIET
02

六大類食物簡介

六大類食物的分類依據，是依照食物所提供的不同營養成分而定，建議每天都須依照每日所須份量食用，全穀雜糧類、蔬菜類、豆魚蛋肉類、乳品類、水果類、油脂與堅果種子類六類食物，才能達到均衡飲食的效果。

SECTION 001 營養成分

全穀雜糧類

為身體主要的熱量來源之一，富含澱粉（醣類），如：飯、麵、馬鈴薯、地瓜、饅頭等皆屬於全穀雜糧。

蔬菜類

提供維生素、礦物質及膳食纖維，膳食纖維可預防便秘、維持腸道健康。

豆魚蛋肉類

為身體主要的蛋白質來源，建議優先選擇豆類食物（如：豆漿、豆腐等）；肉類的脂肪含量高，建議適量食用。另外，油炸及加工肉品較不健康，建議減少食用（如：香腸、培根等）。

乳品類

提供鈣質和蛋白質，如：牛奶、優格、起司等。

水果類

提供維生素、礦物質，且含有膳食纖維，可幫助排便。

油脂與堅果種子類

提供脂肪，油脂分為動物性和植物性兩種，建議選擇植物性、不飽和脂肪含量高且反式脂肪為零的油品（如：橄欖油），較不易造成心血管疾病。堅果則富含礦物質及維生素 E，可用於取代食用油。

從生物學的角度看來，紅豆、綠豆、黃豆、四季豆等都屬於豆科植物；但從營養學來看，因提供的營養成分不同，而分布於三大類：紅豆、綠豆含有豐富的澱粉，屬於全穀雜糧類；四季豆、碗豆含有維生素、礦物質及膳食纖維，屬於蔬果類；毛豆、黃豆、黑豆可提供大量蛋白質，屬於豆魚蛋肉類。

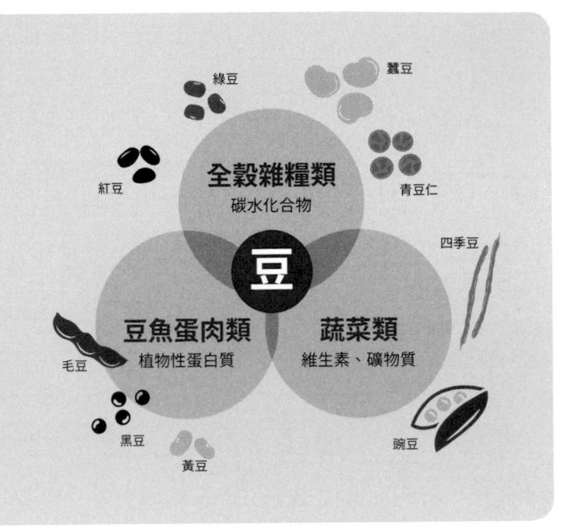

SECTION 002

每日所須份量

計算出的每日所須熱量（P.136）後，對照下表，找出每日所須的六大類食物量，以下資料來源為衛生福利部國民健康署所製的《每日飲食指南手冊》。

每日 所需熱量	1200 大卡	1500 大卡	1800 大卡	2000 大卡	2200 大卡	2500 大卡	2700 大卡
全穀 雜糧	1.5 碗	2.5 碗	3 碗	3 碗	3.5 碗	4 碗	4 碗
蔬菜	3 份	3 份	3 份	4 份	4 份	5 份	5 份
豆魚 蛋肉	3 份	4 份	5 份	6 份	6 份	7 份	8 份
乳品	1.5 杯	1.5 杯	1.5 杯	1.5 杯	1.5 杯	1.5 杯	2 杯
水果	2 份	3 份	2 份	3 份	3.5 份	4 份	4 份
油脂與 堅果種子	4 份	4 份	5 份	6 份	6 份	7 份	8 份

COLUMN 01 份量換算

一般而言，大多數食材以生重（指食材在還未清洗、烹煮前的重量）計算份量，若在清洗後沒有擦乾，則會增加水分的重量；另在烹調過程中會加入調味料、佐料等，且食材可能出水，所以清洗、烹調後再進行測量較不準確。

類別		份量
全穀雜糧		1 碗（指一般家庭飯碗）。
蔬菜		約 100 公克。
豆魚蛋肉類	豆	嫩豆腐（140 公克）＝無糖豆漿 1 杯。
	魚	約 35 公克。
	蛋	約 1 個。
	肉	約 30 公克。
乳品		約 240 毫升。
水果		約 100 公克。
油脂與堅果種子	油脂	約 5 公克。
	堅果種子	約 10 公克。

DIET 03

食材

在烹調之前，選擇新鮮、當季的食材，且對身體有益的食材相當重要，再加上各類食材都有選擇時須注意的細節，以下分別說明。

SECTION 001 選購原則

挑選食材時，除了須針對人數購買所須份量，也須查看保存期限、外觀是否敗壞等，以免將食物放到過期，或食用的食物不新鮮，導致身體狀況變差。

COLUMN 01 適量購買

挑選食材時，須依據保存期限選擇能吃完的份量，以避免未用完的食材放置過久，產生變質，造成浪費。

大量購買食材時，可使用保鮮膜、塑膠袋等進行分裝後，放入冷凍庫存放，以延長保存期限，待使用時，再取出所須份量並解凍。

COLUMN 02 選擇當季、在地食材

當季為在自然法則下產出的蔬果、魚獲，或風味最鮮美且產量最豐富的時節，也因產量大，所以價格通常較低廉。

在地為消費者所處的區域特產，因每個地區的地形、水質、土質、氣候、降雨量等條件不同，所以會有不同的產出。

COLUMN 03 查看食品標示

購買具有外包裝的食品時，可查看食品標示，以瞭解產品內容和保存期限。

TIP 在選購時，可盡量選擇較少添加物、低熱量、含政府標章的食品。

① 保存期限

選擇保存期限較長的食品，但若是在傳統市場購買食材，可詢問店家如何存放、能保存多久，以避免不小心放到過期或因保存不當而敗壞。

② 添加物

包含防腐劑、抗氧化劑、色素、調味劑、甜味劑等，這些添加物並非原本就存在於食材中，而是為保存、增色、增味、變換口感等目的另外加入。

TIP 食品添加劑本身沒有營養成分，且有可能對身體造成危害，多食無益。

③ 熱量

須注意食物所含的熱量多寡，再決定每天的食用量，以免不知不覺吃下超過每日所須的熱量，導致體重上升。

COLUMN 04 分散風險

不集中使用特定產品、商家或品牌，以避免爆發食安問題時，因經常使用某項產品而將毒素累積在體內，造成較大傷害。

① 多樣化

指廣泛購買各類不同的產品，並避免只食用特定食材，因使用固定食材，較不易攝取身體所須的全部營養，所以在購買時，盡量選擇不同食材，避免重複，以達成分散風險，補充多種營養成分的目的。

② **多管道**

從不同商家、攤販購買食品。單一商家或攤販通常是同樣的供應商和產地，所以時常改換購買處，就可嘗試不同產地的食材，以降低風險，除了能貨比三家，也能瞭解各個商家進貨的品項。

SECTION 002 食品安全

指食品的衛生程度。在報章雜誌中有時會刊登食物中毒的消息，通常是因誤食到沒有煮熟的食物，或是過保存期限等，所以要如何保護自己呢？須將食材洗淨，並徹底加熱食物，才能有效消滅細菌。

COLUMN 01 清洗

在開始烹飪前，須先將雙手洗淨；若手上有傷口，須先包紮，並避免傷處接觸到食材。

① **清洗蔬菜、水果**

先浸泡 5 分鐘，再沖洗 3 到 5 次，而在沖洗時，勿只清洗表面，因菜葉間可能藏有菜蟲、蟲卵等，須仔細翻開檢查並去除。

② **菇類**

市面上有外包裝的菇類，因栽種環境衛生，無須過多洗滌，可用廚房紙巾沾濕後，擦去表面髒汙即可；但若購買菇類時沒有外包裝保護，則可能沾附細菌，可稍微清洗後再烹調。

③ **肉類**

在洗肉類時，水量勿開太大，並在單一個容器中洗滌，以免帶有細菌的水花四處噴濺後汙染餐盤、食材。

TIP 只有高溫能殺死肉類中的細菌，所以通常肉類不太需要清洗，但一定要煮熟。

COLUMN 02 煮熟

烹飪時，須確實將海鮮、雞、豬、蛋類等煮熟，以盡量降低吃壞肚子的風險。

① 海鮮

蝦子、螃蟹熟後會呈紅色，蝦子會蜷曲；貝類待殼打開後，再煮幾分鐘即可食用；魷魚、章魚煮熟後顏色會變得不透明。

② 肉類

雞肉、豬肉煮熟後顏色變白且轉為不透明，且若肉汁為紅色，則代表還不夠熟。

COLUMN 03 不宜久放

不管是買回來的食材，或是烹調好的食物，都須盡快食用，以避免食材腐壞。

料理盛盤後，若沒有要馬上食用，則建議蓋上食品防塵蓋或保鮮膜，除了有保溫、防塵的功能外，也可避免料理接觸到蚊蟲。

TIP 須避免將食材反覆解凍、冷凍數次，以避免製造適合大腸桿菌繁殖的環境。

SECTION 003 各大類食材選購方法

每種不同類型的食材在挑選上都有要注意的地方，以下分別說明。

COLUMN 01 全穀雜糧類

① 白米

- **選購**：請避免選購到破碎、白粉或雜物含量較多、外表無光澤、有粉感的米粒。

◆ **份量**：以量米杯裝米後，超出杯緣的米可使用筷子刮回米袋中，而一杯米可煮兩碗飯。

◆ 洗米

01

02

03

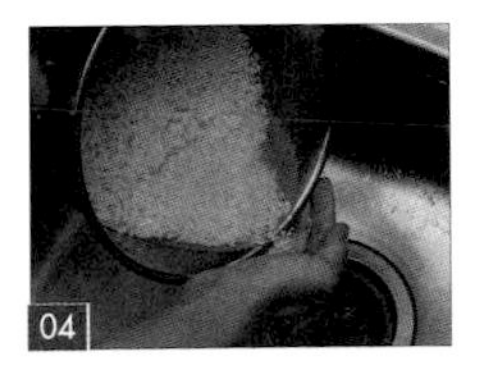
04

01 將米倒入鍋（或洗米盆）中後，加入水。

02 將手放入鍋中，以畫圈方式清洗米粒。

↳ 洗米時不宜過於用力。

03 清洗至水變混濁時，將洗米水倒入水槽中，並將米瀝乾。

↳ 瀝乾時，須將一手放在盆邊接住，以避免米粒隨洗米水掉落。

04 重複步驟 1-3，洗米約 2 到 3 次後，將水分盡量瀝乾，即完成洗米。

◆ 煮飯

01 以量米杯盛裝與米等量或稍多的水，倒入鍋中，浸泡約 30 分鐘，至米粒變不透明。

↳ 水量可視個人喜好的軟硬度決定。

02 在電鍋外鍋倒入 2 杯水。

03 將鍋子放入電鍋後，蓋上鍋蓋。

↳ 在米中加入一兩滴油或醋，可增添米飯光澤。

04 按下電鍋電源鍵。

05 待電源鍵跳起後，可燜 15 到 20 分鐘，期間須避免開蓋。

↳ 此步驟可使鍋中水氣分布更均勻。

06 如圖，煮飯完成。

② **麵條**

- **選購**：每種麵條的粗細、形狀、口感等各有不同，可視個人喜愛類型進行挑選。

- **烹煮**

01 準備鍋子，倒入麵體三倍以上的水。

02 將水煮滾，將麵條以放射狀下鍋。

03 煮至麵條軟化，並浸入水中後，以筷子攪拌麵條，以避免黏鍋。

04 若麵條還未完全煮熟，可加入少許冷水後煮至滾。

↳ 若麵條較寬、較粗，可重複此步驟。

05 取一條麵試吃，確認煮熟後，將麵撈起瀝乾。

↳ 撈起後可過冷水，使麵條更 Q 彈。

06 如圖，煮麵條完成。

COLUMN 02 蔬菜類

一般而言，選擇外表光滑、顏色青翠的蔬菜。保存時，蕃茄、洋蔥、馬鈴薯可放置常溫存放，無須冷藏；蔬菜大都不必事先清洗，因過多的水氣易使蔬菜腐敗，所以建議以廚房餐巾紙、報紙包覆後放入冰箱中最底層的蔬菜室冷藏，可延長保鮮期。

① 選購葉菜花菜類

- **花菜**：可觀察菜梗切口，選擇切口顏色正常（不黃不黑），切面完整（無洞無縫）的。
- **蔥**：選擇白綠分界明顯，且蔥白較多的。
- **葉菜**：葉莖不會太粗，葉片形狀較完整，以及顏色翠綠的。

② 選購瓜果根莖類

- **馬鈴薯**：選擇接近圓形、較沉重的馬鈴薯，保存時常溫保存且不須先清洗，若發現馬鈴薯發芽，就不可食用，因發芽後具有毒性，須立即丟棄。
- **小黃瓜**：表面有突起，較為新鮮。
- **洋蔥**：選擇頂端未長根的。
- **胡蘿蔔**：選擇根較細、較無凸起物的。

COLUMN 03 豆魚蛋肉類

① 豆（以黃豆為主）

- **選購**

  A. 黃豆：建議選擇「非基因改造」，有光澤、顏色自然（沒經過漂白）、顆粒完整的黃豆。

  B. 豆漿：建議選擇市售（瓶裝、盒裝）豆漿時，參考營養成分表選擇高蛋白質、低糖的豆漿。

  C. 嫩豆腐：購買時，須注意保存期限、檢查外包裝是否有膨脹、破裂等異狀。

② 肉

- **選購**：選擇不暗沉，沒有腐臭異味，肥瘦分明，帶有光澤的肉品。
- **紅肉與白肉**：紅肉為豬、牛、羊，白肉為雞、鴨、魚、鵝，而紅肉的油脂含量比白肉更高。

◆ **存放**：不同肉類不宜放在同一容器中，以免細菌交叉感染孳生。

③ 魚

◆ **選購**：請參考下列要訣選擇新鮮魚品。

A. 眼睛明亮：眼睛清澈無血絲，不混濁且形狀沒有凹陷。
B. 魚鰓鮮紅：不呈現灰色、黑色等顏色。
C. 鰭尾不乾：魚鰭有濕潤感，且無破裂。
D. 沒有惡臭：發出惡臭和腥味的魚已經不夠新鮮。
E. 肉質Q彈：輕輕下壓，肉質緊實且有彈性。
F. 魚鱗整齊：魚鱗無斑駁、脫落現象。

④ 蛋

◆ **選購**：須選擇無裂痕、破損，蛋殼厚實、較為沉重的雞蛋。

COLUMN 04 乳品類

◆ **選購**：選擇保存期限較長，有「鮮乳標章」，包裝完整無破損的鮮乳。

◆ **鮮奶替代品**：可選擇奶粉、保久乳作為鮮奶的替代品，可存放較久的時間。

COLUMN 05 水果類

◆ **選購原則**：建議選購外觀無斑點、傷痕的水果，或是以嗅聞方式判斷水果成熟度，越成熟的水果香氣越濃；若聞到發酵氣味，代表水果過熟，已開始腐壞。

COLUMN 06 油脂與堅果種子類

① 油脂

- **選購**：選擇高發煙點、植物性（飽和脂肪酸含量低）、非精製的油品。

TIP 發煙點

指油品加熱後，開始冒煙的溫度，若超過發煙點後，油品容易變質。

② 堅果種子

- **選購**：選擇包裝完整、無調味、低溫烘焙、顆粒完整、無異味的堅果。

SECTION 004 分裝保存

若外宿族較沒時間烹煮料理，則可以依照食用的份量，在週日就先製作一週的料理，並在分裝後冰至冷凍，待要吃的前一天，再放置冷藏解凍，當天可直接加熱食用，能有效節省料理時間。

COLUMN 01 分裝方法

分裝保存時，可準備多個保鮮盒、保鮮罐、便當盒等，並在每個器皿中裝入一餐份量，以便隨時取用。

COLUMN 02 冷藏或冷凍

冷藏的料理可放置約四天，若預計須較長時間才能食用完畢，建議以冷凍方式保存。

在分裝料理時，若為液態料理，則須預留適當空間，勿完全填滿，以免冷凍後液體膨脹將器皿撐破。

DIET
04

廚具介紹

租屋處沒有廚房、瓦斯爐也沒關係，只須準備烹調用的小型鍋具或爐具，以及處理食材的用具，即使不開火，也可以輕鬆端出簡易自炊料理。

SECTION 001 鍋具、爐具

隨著外宿族、小家庭的出現，主要以價格親民、操作簡單等為主的廚具也跟著出現，以下簡單介紹外宿族常備的廚具，可須依照個人需求選擇。

COLUMN 01 鍋具

① 電鍋

以隔水蒸煮方式，間接加熱食材，使用時只須在外鍋倒水後按下按鍵，並以外鍋水量控制烹煮時間，待外鍋水蒸乾、按鍵自動跳起後即完成料理，非常便利。

用途	煮飯、煮粥、清蒸、燉煮等，適合中式料理。
優點	多種尺寸可選擇、操作簡單、不須太多時間、蒸煮方式較健康。
缺點	無法精準控制溫度或時間。
小秘訣	可搭配蒸盤、蒸籠、蒸架等工具作為隔層，一次烹煮多道菜餚，如右圖。

TIP

可參考《漂泊族的簡易電鍋食譜：160 道暖心、暖胃的粥品》製作料理。

② 快煮鍋

體積較小，功能與電鍋相近，也可搭配蒸架使用，通常有 2 種以上的加熱模式可選擇，但因加熱速度快，易將水分煮乾，導致食材黏鍋，所以在烹煮時須不斷攪拌。

用途	煮多湯汁的料理，如：煮泡麵、煮水餃、燙青菜、甜湯等。
優點	快速、輕便好移動、可控制火力、可使用快煮鍋本身代替碗（不須另外盛裝）。
缺點	煮較乾食物容易黏鍋（不適合煎炒）、無法油炸（溫度過高會自動斷電）、較難清洗、容量較小。
小秘訣	可搭配蒸架使用，蒸包子、粽子等。

TIP

可參考《漂泊族的簡易快煮鍋食譜：150 道幸福、美味的粥品》製作料理。

③ 氣炸鍋

原理是以熱空氣對流逼出食物自身油脂，將食物烤熟。因此放入食材時須保留熱風流通的空間，不可裝滿，才能發揮良好加熱效果。優點是在烹飪時，只須少許油，甚至不須放油，就可以吃到油炸般的酥脆口感。

用途	料理方式為煎、烤、炸，包含肉類、海鮮、蔬菜等都可使用氣炸鍋烹調，如：炸薯條、烤香腸、煎魚、煎牛排、甜甜圈等。
優點	口感好、操作簡單、比油炸健康、料理口感酥脆、快速、加熱均勻、隔熱佳。
缺點	份量較少、不易清潔、不須擔心熱油噴濺、耗電量高。
小秘訣	料理帶有油脂的食材（如：肉類）時無須放油；料理無油脂的食材則須噴少許油（如：豆腐）；若食材較大塊，須以多次加熱方式，不時翻動食材，使食材受熱均勻。在料理完成後，建議待稍微冷卻再打開氣炸鍋，較為安全。

COLUMN 02 爐具

① 電磁爐

原理是利用磁場，讓金屬鍋底產生渦流後升溫，所以爐面溫度較低，使用上比瓦斯爐安全，但在烹煮時只能使用鐵鍋類，玻璃、陶瓷等其他種類的鍋子，則無法使用。

鍋具選擇	建議選擇鐵或不鏽鋼材質的平底鍋外，以下列出其他選擇須知。 ① 不能使用非金屬鍋具（如：陶鍋、玻璃鍋）。 ② 銅鍋、鋁鍋加熱效率低，也不適合。 ③ 鍋底須完全接觸爐面，因此須使用平底鍋。
用途	可蒸、煮、燉、煎、炸等，雖可翻炒但較不適合，因加熱較快、在烹煮時較易燒焦。
優點	輕便可移動、款式多、可精確控溫、加熱速度快、噪音較小、容易清潔、安全性高、使用方便。
缺點	因升溫較快須避免乾鍋空燒、非所有鍋子均適用、須注意電線過熱問題。
小秘訣	選購鍋具時，應選平底、面積與電磁爐相近的款式，烹調效率會更佳。

② 微波爐

原理是利用特定電磁波，透過電子振動產生熱能並被食物吸收後，以熱傳導擴散，就能加熱食物，所以若食物中含水量較高者，會更易加熱。在操作上雖簡單、容易上手，但仍有須注意的事項。

用途	解凍、加熱各式料理及麵包等。
優點	快速、容易操作。
缺點	非所有容器均適用、不適合加熱含水量低的食材（如：堅果）。
小秘訣	若加熱不均，可以分次加熱，並在每次加熱後稍微翻面或拌勻。 微波麵包前，可在表面噴水後微波，以免麵包變乾硬。
注意事項	① 使用時，請勿放入金屬（或鋁箔紙等），以免產生火花。 ② 請勿直接放入帶殼蛋、全熟蛋，以免蛋炸開。 ③ 請勿放入密閉瓶裝或罐裝食物，以免容器炸開。 ④ 使用保鮮膜或加蓋微波時，須預留透氣孔。 ⑤ 請勿放入木、竹、紙製品，以免起火燃燒。 ⑥ 放入玻璃、塑膠容器時，須確認可以耐熱（請參考外包裝標示）。 ⑦ 請勿在沒有食物的情形下啟動微波爐。 ⑧ 勿加熱純水，以免取出時發生突沸的現象。

SECTION 002 必備用品

在烹煮前，除了清洗，還須將食材切成適當的大小，或將不能吃的皮削除等食材處理，以下介紹常用工具。

COLUMN 01 砧板

用於防止在切割食材時破壞桌面，有竹、木、玻璃、塑膠等材質。建議購買兩塊砧板，一塊為生食專用、另一塊用於切割熟食，以減少食物細菌交叉滋生。

砧板使用完後，在清洗後須晾乾，以免發霉，但無論選擇哪種材質的砧板，一般而言，使用 2 到 3 年就須更換，且應避免正反兩面交替使用。

COLUMN 02 刀子

用於切割食材，須搭配砧板使用。切菜時須以單手持刀，另一手輕按壓並固定食材，此時手指須向內蜷起成貓爪狀，以避免切到手指。

COLUMN 03 削皮器

用於削去不可食用、口感較差的食物外皮，如：蘿蔔、蘋果等。

附錄

設備點交表						
名稱	款式、型號	數量	簽收前 使用情況	修繕 責任	修繕 費用負擔	勾選

出租人簽收：________________

承租人簽收：________________

填表日期：______年______月______日

外宿族必備寶典：

1次搞懂租屋細節

Essential books for renters：
Understand the details of renting a house at once

書　　名　外宿族必備寶典：
　　　　　1次搞懂租屋細節
作　　者　樑樑，咚咚
總 企 劃　盧美娜
主　　編　譽緻國際美學企業社．莊旻嬑
美　　編　譽緻國際美學企業社．羅光宇
封面設計　洪瑞伯

發 行 人　程顯灝
總 編 輯　盧美娜
發 行 部　侯莉莉、陳美齡
財 務 部　許麗娟
印　　務　許丁財
法律顧問　樸泰國際法律事務所許家華律師

藝文空間　三友藝文複合空間
地　　址　106台北市安和路2段213號9樓
電　　話　（02）2377-1163

出 版 者　四塊玉文創有限公司
總 代 理　三友圖書有限公司
地　　址　106台北市安和路2段213號4樓
電　　話　（02）2377-4155
傳　　真　（02）2377-4355
E-mail　service@sanyau.com.tw
郵政劃撥　05844889 三友圖書有限公司

總 經 銷　大和書報圖書股份有限公司
地　　址　新北市新莊區五工五路2號
電　　話　（02）8990-2588
傳　　真　（02）2299-7900

初　　版　2021年08月
定　　價　新臺幣300元
ISBN　978-986-5510-70-1（平裝）

國家圖書館出版品預行編目（CIP）資料

外宿族必備寶典：1次搞懂租屋細節 / 樑樑, 咚咚作.
-- 初版. -- 臺北市：四塊玉文創有限公司, 2021.08
面；　公分
ISBN 978-986-5510-70-1(平裝)

1.家政 2.租屋 3.生活指導

420　　110004204

三友官網

三友 Line@